电网企业员工安全技能实训教材

不停电作业

国网泰州供电公司　组编

中国电力出版社
CHINA ELECTRIC POWER PRESS

内 容 提 要

《电网企业员工安全技能实训教材》丛书是按照国家电网有限公司生产技能人员标准化培训课程体系的要求，结合安全生产实际编写而成。本丛书共包括《通用安全基础》《变电运维》《变电检修》《输电运检》《配电运检》《不停电作业》《电力调度与自动化》《信息通信》《营销计量》《农电》10个分册。

本书为《电网企业员工安全技能实训教材　不停电作业》分册，全书共7章，主要内容包括不停电作业基本安全要求、不停电作业工器具及车辆的使用与管理、生产现场安全及标准化作业流程、输电带电典型作业项目及安全注意事项、配网（中压）不停电典型作业项目及安全注意事项、低压不停电典型作业项目及安全注意事项、典型违章及事故案例分析等。

本书可作为电网企业不停电作业技能人员和管理人员的安全技能指导书、培训教材及学习资料，也可作为高等院校、职业技术学校电力相关专业师生的自学用书与阅读参考书。

图书在版编目（CIP）数据

不停电作业/国网泰州供电公司组编．—北京：中国电力出版社，2022.11
电网企业员工安全技能实训教材
ISBN 978-7-5198-7033-1

Ⅰ．①不…　Ⅱ．①国…　Ⅲ．①配电系统－带电作业－技术培训－教材　Ⅳ．①TM727

中国版本图书馆CIP数据核字（2022）第163977号

出版发行：中国电力出版社
地　　址：北京市东城区北京站西街19号（邮政编码100005）
网　　址：http://www.cepp.sgcc.com.cn
责任编辑：赵　杨（010-63412287）
责任校对：黄　蓓　朱丽芳
装帧设计：张俊霞
责任印制：石　雷

印　　刷：三河市万龙印装有限公司
版　　次：2022年11月第一版
印　　次：2022年11月北京第一次印刷
开　　本：710毫米×1000毫米　16开本
印　　张：15
字　　数：218千字
印　　数：0001—1500册
定　　价：78.00元

编写委员会

序

无危则安，无损则全，安全生产事关人民福祉，事关经济社会发展大局，是广大人民群众最朴素的愿望，也是企业生产正常进行的最基本条件。电网企业守护万家灯火，保障安全是企业履行政治责任、经济责任和社会责任的根本要求。安全生产，以人为本，“人”是安全生产最关键的因素，也是最大的变量。作业人员安全意识淡薄、安全技能不足等问题，是导致各类安全事故发生的一个重要原因。百年大计，教育为本，提升作业人员安全素养，是保障电网安全发展的长久之策，一套面向基层一线的安全技能实训教材显得尤为迫切和重要。

当前，国家和政府安全监管日趋严格，安全生产法制化对电网企业安全管理提出了更高的要求。近年来，新能源大规模应用为主体的新型电力系统加快建设，电网形态不断发生着深刻的变化，也给电网企业安全管理带来了新的课题。为更好地支撑和指导电网企业员工和利益相关方安全教育培训工作，促进作业人员快速全面掌握核心安全技能理论知识，国网泰州供电公司组织修编了这套《电网企业员工安全技能实训教材》系列丛书。应老友邀请，我仔细品读，深感丛书理论性、创造性与实用性并具，是不可多得的安全培训工具书。

本丛书系统性强，专业特色鲜明，共包括《通用安全基础》通用教材及《变电运维》《变电检修》《输电运检》《配电运检》《不停电作业》《电力调度与自动化》《信息通信》《营销计量》《农电》9 本专业教材。《通用安全基础》涵盖安全理论、公共安全、应急技能等内容，9 本专业教材根据专业特点量身打造，囊括了安全组织措施和技术措施、两票的填写和使用、专业施工机具及安全工器具、现场安全标准化作业等内容。通用教材是专业教材的基础，专业教材是通用教材的延伸，两类教材互为补充，成为一个有机的整体，给电网企业员工提供了更系统的概念和更丰富的选择。

本丛书实用性强，内容生动翔实，国网泰州供电公司组建的编写团队，由注册安全工程师、安全管理专家、专业技术骨干、作业层精英等人员组成，具备本专业长期现场工作经历。他们从自身工作角度出发，紧密贴合现场管理实际，精准把握一线员工安全培训需求，全面总结了安全管理的概念和要点、标准和流程，提出了满足现场需要的安全管理方法和手段，针对高处作业、动火作业、有限空间作业等典型场景，专题强化安全注意事项，并选用大量的典型违章和事故案例进行分析说明，内容全面丰富、重点突出，使本套教材更易被一线员工接受，使安全培训取得应有的成效。

本丛书指导性强，理论结构严谨，编写团队对标先进、学习经验，经过广泛的调研和深入的讨论，针对电力行业特点，创新构建了包含安全理论、公共安全、通用安全、专业安全、应急技能的“五维安全能力”模型，提出了员工岗位安全培训需求矩阵，描绘了不同岗位员工系统性业务技能和安全培训需求。本丛书还参照院校学分制绘制了安全技能知识图谱，结构化设置知识点，为其在各类安全技能培训班中有效应用提供了指导。

本丛书在编写过程中坚持试点先行，《通用安全基础》和《配电运检》两本教材于 2020 年底先期成稿，试用于国网泰州供电公司 2021 年配电专业安全轮训班，累计培训 3000 余人次，取得了良好的成效，得到了参培人员的一致好评。在此基础上，编写组历时两年编制完成了其余 8 本专业教材。

本丛书的出版，是电网企业在自主安全教育培训方面的一次全新的探索和尝试，具有重要的意义。“知安全才能重安全，懂安全才能保安全”，相信本丛书必将对电网企业安全技能培训工作的开展和员工安全素养的提升做出长远的贡献，也可以作为高校教师及学生了解电力检修施工现场安全管理的参考资料。

与书本为友，享安全同行。

东南大学电气工程学院院长、教授

2022 年 7 月

前 言

安全生产是企业的生命线，安全教育培训是电网企业安全发展的重要保障。随着电网技术快速发展、新业务新业态不断革新、作业管理方式持续转变，传统的电力安全培训教材系统性、针对性不强，内容亟须更新。为总结电网企业在安全生产方面取得的新成果，进一步提高电网企业生产技能人员的安全技术水平和安全素养，为电网企业安全生产提供坚强保障，国网泰州供电公司按照国家电网有限公司生产技能人员标准化培训课程体系的要求，结合安全生产实际，组织编写了《电网企业员工安全技能实训教材》丛书，包括《通用安全基础》《变电运维》《变电检修》《输电运检》《配电运检》《不停电作业》《电力调度与自动化》《信息通信》《营销计量》《农电》10 个分册。

本丛书以国家有关的法律、法规和电力部门的规程、规范为基础，着重阐述了电力安全生产的基本理论、基本知识和基本技能，从公共安全、通用安全、专业安全、应急技能等方面，全面、系统地构建电力安全技能培训体系。本丛书精准把握现场一线员工安全培训需求，结构化设置知识点，可作为电网企业生产作业人员和管理人员的安全技能培训教材。

本书为《电网企业员工安全技能实训教材　不停电作业》分册，全书共 7 章：

第 1 章为基本安全要求。介绍了不停电作业专业的基础安全知识，包括安全管理基本要求、一般安全要求、保证安全的组织措施和技术措施。

第 2 章为不停电作业工器具及车辆的使用与管理。重点介绍不停电作业工器具的分类、使用、保管、试验以及不停电作业车辆的分类，绝缘斗臂车的检查、使用、保管和试验。

第 3 章为生产现场安全及标准化作业流程。主要介绍了生产现场的安全设施的分类和设置规范，电流和电场的安全防护问题，以及不停电作业标准化流程。

第 4 章为输电带电典型作业项目及安全注意事项。主要介绍地电位作业和等电位作业两种作业类型，以及输电专业典型作业项目的工作内容、作业准备、作业步骤、危险点分析及预控。

第 5 章为配网（中压）不停电典型作业项目及安全注意事项。介绍配网不停电四大类 23 项作业项目及其操作步骤、安全措施和注意事项；选取机器人不停电作业典型项目，介绍具体操作流程、安全风险及注意事项。

第 6 章为低压不停电典型作业项目及安全注意事项。选取架空线路作业、配电箱（柜）作业、低压计量表作业等典型低压不停电作业项目，讲解作业步骤、安全措施及注意事项。

第 7 章为典型违章及事故案例分析。按照输电、配网、低压不停电三个专业，选取典型案例进行分析，介绍事故简况、事故原因分析及防范措施。

本丛书由国网泰州供电公司组织编写，卜荣、徐国栋担任主编，统筹负责整套丛书的策划组织、方案制定、编写指导和审核定稿。公司各专业部门和单位具体承担编写任务，本书的统筹策划由副主编蒋彪、杨磊、朱文磊负责，本书第 1 章由常印、刘海编写，第 2 章由常印、苏风雨编写，第 3 章由常印、范韩璐编写，第 4 章由高育新编写，第 5 章由常印、刘星伟编写，第 6 章由常印、徐镭编写，第 7 章由杨玉琪、颜双庆编写，黄波、郭靖、杨镇、俞凯、季凌逸、毕建勋、马越负责审核统稿。本书编写过程中，有关专家、学者通过线上、线下等方式提出了宝贵修改建议与意见，在此表示由衷感谢。

由于编写人员水平有限，书中难免存在不妥或疏漏之处，恳请广大读者批评指正。

编　者

2022 年 7 月

目录

第1章 基本安全要求

1.1 安全管理基本要求

1.1.1 职责分工

1.1.1.1 输电不停电作业班班长

1．组织实施本班组安全目标、计划、责任制

（1）作为本班组安全第一责任人，落实本单位安全工作要求，组织实施涉及本班组的任务措施。

（2）落实反事故措施和安全技术劳动保护措施计划。

（3）组织编制本班组的安全责任清单，组织本班班员签订年度安全承诺书，负责落实、考核每位班员的安全责任。

2．落实现场安全管理要求

（1）现场作业组织。

1）根据周作业计划，结合临时性工作，合理安排工作任务，落实电网、作业等安全风险管控措施。

2）根据作业风险情况，按要求提前组织开展现场勘察，明确实际工作量，辨识危险点，制订防控措施。

3）召开班前会，布置安全风险预控措施，交代工作任务、作业风险和安全措施，检查个人安全工器具、劳动防护用品和人员精神状况。

4）工作结束后，组织班组人员召开班后会，对作业现场安全管控措施落

实情况进行总结评价，分析不足，表扬遵章守纪行为，批评忽视安全、违章作业等不良现象。

5）本班组外来工作人员从事有危险的工作时，应安排有经验的员工带领和监护，并督促做好安全措施。

（2）现场反违章工作。组织开展违章自查自纠，对违章行为进行分析，对违章人员进行教育，制订并落实整改措施。

（3）组织开展应急工作。

1）组织或参与应急预案、现场处置方案的编制和演练。

2）配合开展保电工作。

3）发生事故时，按照应急预案要求，在规定时间内组织开展应急抢修工作，保证响应速度和抢修安全，快速隔离故障、修复设备，及时恢复设备正常运行。

3．落实项目安全管理要求

（1）参与输电带电施工作业项目“三措一案”的编制并落实，即组织实施、技术措施和安全措施及作业方案。

（2）对现场外包作业人员进行安全管控。

4．落实设备安全管理要求

（1）组织开展安全检查。

1）组织开展春季、秋季等季节性安全检查和其他专项安全检查，针对发现的问题制订整改计划并组织落实。

2）组织开展安全设施设备、消防器材及劳动保护用品等检查，并督促正确使用。

（2）组织做好不停电作业工器具、仪器仪表和安全工器具管理。

1）建立不停电作业工器具、仪器仪表和安全工器具管理台账，做到账、卡、物相符。

2）组织开展班组不停电作业工器具、仪器仪表和安全工器具培训，确保班组人员正确使用安全工器具。

3）组织做好班组不停电作业工器具、仪器仪表和安全工器具日常维护、保养及送检工作。每月对不停电作业工器具、仪器仪表和安全工器具进行全面检查，对发现不合格或超试验周期的应隔离存放，做出禁用标识，停止使用。

5．组织开展班组人员安全教育培训

（1）组织编制并实施班组安全教育培训计划，组织做好岗位安全技术和安全责任清单培训以及新入职人员、调换岗位人员、外来人员的安全培训考试。

（2）每周组织开展一次班组安全日活动，活动内容应联系实际、有针对性。

（3）组织班组人员进行有针对性的现场培训和警示教育活动，每年组织班组人员至少参加一次安全规章制度、规程规范和安全责任清单考试。

（4）每年组织班组人员参加紧急救护法的培训，做到全员正确掌握救护方法。

（5）建立安全培训档案管理，如实记录安全生产教育和培训的时间、内容、参加人员以及考核结果等情况。

6．及时报告安全事故（事件）并配合开展安全事故（事件）调查工作

（1）发生安全事故（事件）后，立即向上级报告。

（2）配合有关安全事故（事件）调查，落实安全事故（事件）防范措施，协助做好安全事故（事件）善后工作。

1.1.1.2　输电不停电作业班班员

1．落实本岗位安全目标、计划、责任制

（1）落实本岗位安全工作要求，实施涉及本岗位的任务措施。

（2）落实年度反事故措施计划和安全技术劳动保护措施计划。

（3）签订年度安全承诺书，落实安全责任。

2．落实现场安全管理要求

（1）担任工作班成员时。

1）接受工作任务或进入生产现场前，做到工作任务、作业范围、作业程序、危险点、安全措施“五清楚”，履行安全确认手续。对工作任务不清楚或安全措施有疑义时，及时向工作负责人提出。落实电网、作业等安全风险管控

措施。

2）严格遵守安全规章制度、操作规程和劳动纪律，服从管理，在确定的作业范围内工作，对自己在工作中的行为负责；互相关心、提醒工作安全，及时纠正违章行为，做到“四不伤害”，即不伤害自己、不伤害他人、不被他人伤害、保护他人不受伤害。

3）保证工作场所、设备（设施）、工器具的安全整洁，不随意移动或拆除安全防护装置，正确操作机械和设备，正确佩戴和使用劳动防护用品。

4）执行现场作业“十不干”（①无票的不干。②工作任务、危险点不清楚的不干。③危险点控制措施未落实的不干。④超出作业范围未经审批的不干。⑤未在接地保护范围内的不干。⑥现场安全措施布置不到位、安全工器具不合格的不干。⑦杆塔根部、基础和拉线不牢固的不干。⑧高处作业防坠落措施不完善的不干。⑨有限空间内气体含量未经检测或检测不合格的不干。⑩工作负责人或专责监护人不在现场的不干）要求，有权拒绝违章指挥和强令冒险作业。发现直接危及人身、电网和设备安全的紧急情况时，停止作业或者在采取可能的紧急措施后撤离现场，并立即报告。

（2）参加应急处置工作。

1）参加应急预案、现场处置方案的编制和演练。

2）发生事故时，按照应急预案要求，在规定时间内开展应急抢修工作，保证响应速度和抢修安全，快速隔离故障、修复设备，及时恢复设备正常运行。

3．落实项目安全管理要求

（1）参与输电带电施工作业项目“三措一案”的编制并落实。

（2）对现场外包作业人员进行安全管控。

4．落实设备安全管理要求

（1）参加安全检查。

1）参加春季、秋季等季节性安全检查和其他专项安全检查，针对发现的问题制订整改计划并组织落实。

2）参加安全设施设备、消防器材及劳动保护用品等检查，并督促正确使用。

（2）做好不停电作业工器具、仪器仪表和安全工器具管理。

1）参加不停电作业工器具、仪器仪表和安全工器具培训，确保正确使用安全工器具。

2）做好不停电作业工器具、仪器仪表和安全工器具日常维护、保养工作。使用前，对不停电作业工器具、仪器仪表和安全工器具进行全面检查，对发现不合格或超试验周期的应隔离存放，做出禁用标识，停止使用。

5．组织开展班组人员安全教育培训

（1）参加班组安全日活动和安全警示教育活动。

（2）参加安全规章制度、规程规范、安全责任清单、现场培训考试。

（3）参加紧急救护法的培训，做到正确掌握救护方法。

6．及时报告安全事故（事件）并配合开展安全事故（事件）调查工作

（1）发生安全事故（事件）后，立即向上级报告。

（2）配合有关安全事故（事件）调查，落实安全事故（事件）防范措施，协助做好安全事故（事件）善后工作。

1.1.1.3 配网不停电作业班班长

1．组织具体实施本班组安全目标、计划、责任制

（1）作为本班组安全第一责任人，落实本单位安全工作要求，组织实施涉及本班组的任务措施。

（2）落实反事故措施和安全技术劳动保护措施计划。

（3）组织编制本班组的安全责任清单，组织本班班员签订年度安全承诺书，负责落实、考核每位班员的安全责任。

2．落实现场安全管理要求

（1）现场作业组织。

1）根据周作业计划，结合临时性工作，合理安排工作任务，落实电网、作业等安全风险管控措施。

2）根据作业风险情况，按要求提前组织开展现场勘察，明确实际工作量，

辨识危险点，制订防控措施。

3）组织班组人员召开班前会，布置安全风险预控措施，交代工作任务、作业风险和安全措施，检查个人安全工器具、劳动防护用品和人员精神状况。

4）工作结束后，组织班组人员召开班后会，对作业现场安全管控措施落实及“两票三制”（“两票”：工作票、操作票。“三制”：交接班制、巡回检查制、设备定期试验轮换制）执行情况进行总结评价，分析不足，表扬遵章守纪行为，批评忽视安全、违章作业等不良现象。

5）本班组外来工作人员从事有危险的工作时，应安排有经验的员工带领和监护，并督促做好安全措施。

（2）担任配电带电作业工作票签发人时。

1）确认工作必要性和安全性。

2）确认工作票上所填安全措施是否正确完备。

3）确认所派工作负责人和工作班人员是否适当和充足。

（3）担任配网不停电作业工作负责人时，履行作业现场安全第一责任人职责。

1）正确安全地组织工作。

2）检查工作票所列安全措施是否正确完备，是否符合现场实际条件，必要时予以补充，合理安排专责监护人。

3）严格落实开收工会制度，工作前，告知工作班成员危险因素，交代安全措施、技术措施、防范措施及事故应急措施，并确认每一个工作班成员都已知晓。

4）严格执行工作票所列安全措施。

5）督促、监护工作班成员遵守安规，正确佩戴和使用劳动防护用品，严格落实现场安全措施。

6）关注工作班成员精神状态是否良好，变动是否合适。

（4）现场反违章工作。组织开展违章自查自纠，对违章行为进行分析，对违章人员进行教育，制订并落实整改措施。

（5）组织开展应急工作。

1）组织或参与应急预案、现场处置方案的编制和演练。

2）配合开展保电工作。

3）发生事故时，按照应急预案要求，在规定时间内组织开展应急抢修工作，保证响应速度和抢修安全，快速隔离故障、修复设备，及时恢复设备正常运行。

3．落实设备安全管理要求

（1）组织开展安全检查。组织开展安全设施设备、消防器材及劳动保护用品等检查，并督促正确使用。

（2）组织做好施工机具、仪器仪表和安全工器具管理。

1）建立施工机具、仪器仪表和安全工器具管理台账，做到账、卡、物相符。

2）组织开展班组施工机具、仪器仪表和安全工器具培训，确保班组人员正确使用安全工器具。

3）组织做好班组施工机具、仪器仪表和安全工器具日常维护、保养及送检工作。每月对仪器仪表和安全工器具进行全面检查，对发现不合格或超试验周期的应隔离存放，做出禁用标识，停止使用。

4．落实用户安全管理要求

参与制订不停电作业用户接入方案。

5．组织开展班组人员安全教育培训

（1）组织编制并实施班组安全教育培训计划，组织做好岗位安全技术和安全责任清单培训以及新入职人员、调换岗位人员、外来人员的安全培训考试。

（2）每周组织开展一次班组安全日活动，活动内容应联系实际、有针对性。

（3）组织班组人员进行有针对性的现场培训和警示教育活动，每年组织班组人员至少参加一次安全规章制度、规程规范和安全责任清单考试。

（4）每年组织班组人员参加紧急救护法的培训，做到全员正确掌握救护方法。

（5）班组应建立安全培训档案管理，如实记录安全生产教育和培训的时间、内容、参加人员以及考核结果等情况。

6．及时报告安全事故（事件）并配合开展安全事故（事件）调查工作

（1）发生安全事故（事件）后，立即向上级报告。

（2）配合有关安全事故（事件）调查，落实安全事故（事件）防范措施，协助做好安全事故（事件）善后工作。

1.1.1.4　配网不停电作业班班员

1．落实本班组安全目标、计划、责任制

（1）落实本岗位安全工作要求，实施涉及本岗位的任务措施。

（2）落实年度反事故措施计划和安全技术劳动保护措施计划。

（3）签订年度安全承诺书，落实安全责任。

2．落实现场安全管理要求

（1）担任工作班成员时。

1）接受工作任务或进入生产现场前，做到工作任务、作业范围、作业程序、危险点、安全措施“五清楚”，履行安全确认手续。对工作任务不清楚或安全措施有疑义时，及时向工作负责人提出。落实电网、作业等安全风险管控措施。

2）严格遵守安全规章制度、操作规程和劳动纪律，服从管理，在确定的作业范围内工作，对自己在工作中的行为负责；互相关心、提醒工作安全，及时纠正违章行为，做到“四不伤害”。

3）保证工作场所、设备（设施）、工器具的安全整洁，不随意移动或拆除安全防护装置，正确操作机械和设备，正确佩戴和使用劳动防护用品。

4）执行现场作业“十不干”要求，有权拒绝违章指挥和强令冒险作业。发现直接危及人身、电网和设备安全的紧急情况时，停止作业或者在采取可能的紧急措施后撤离现场，并立即报告。

（2）担任配电带电作业工作票签发人时。

1）确认工作必要性和安全性。

2）确认工作票上所填安全措施是否正确完备。

3）确认所派工作负责人和工作班人员是否适当和充足。

（3）担任配网不停电作业工作负责人时，履行作业现场安全第一责任人职责。

1）正确安全地组织工作。

2）检查工作票所列安全措施是否正确完备，是否符合现场实际条件，必要时予以补充，合理安排专责监护人。

3）严格落实开收工会制度，工作前，告知工作班成员危险因素，交代安全措施、技术措施、防范措施及事故应急措施，并确认每一个工作班成员都已知晓。

4）严格执行工作票所列安全措施。

5）督促、监护工作班成员遵守《国家电网公司电力安全工作规程》（简称《安规》），正确佩戴和使用劳动防护用品，严格落实现场安全措施。

6）关注工作班成员精神状态是否良好，变动是否合适。

（4）参加应急处置工作。

1）参加应急预案、现场处置方案的编制和演练。

2）参加保电工作。

3）发生事故时，按照应急预案要求，在规定时间内开展应急抢修工作，保证响应速度和抢修安全，快速隔离故障、修复设备，及时恢复设备正常运行。

3．落实设备安全管理要求

（1）参加安全检查。

1）参加春季、秋季等季节性安全检查和其他专项安全检查，针对发现问题制订整改计划并组织落实。

2）参加安全设施设备、消防器材及劳动保护用品等检查，并督促正确使用。

（2）做好施工机具、仪器仪表和安全工器具管理。

1）参加施工机具、仪器仪表和安全工器具培训，确保正确使用安全工器具。

2）做好施工机具、仪器仪表和安全工器具日常维护、保养工作。使用前，对施工机具、仪器仪表和安全工器具进行全面检查，对发现不合格或超试验周期的应隔离存放，做出禁用标识，停止使用。

4．落实用户安全管理要求

落实不停电作业用户接入方案。

5．参加安全教育培训

（1）参加班组安全日活动和安全警示教育活动。

（2）参加安全规章制度、规程规范、安全责任清单、现场培训考试。

（3）参加紧急救护法的培训，做到正确掌握救护方法。

6．及时报告安全事故（事件）并配合开展安全事故（事件）调查工作

（1）发生安全事故（事件）后，立即向上级报告。

（2）配合有关安全事故（事件）调查，落实安全事故（事件）防范措施，协助做好安全事故（事件）善后工作。

1.1.2 配网不停电作业“十项禁令”

根据安全规程、技术规范及典型案例，结合实际作业现场凝练出配网不停电作业“十项禁令”，涉及作业条件、作业准备和作业过程三个阶段，囊括现场环境、个人防护用具、安全距离以及绝缘遮蔽等十项习惯性违章，为现场作业人员树立了一道不可逾越安全“红线”。

1．严禁气象条件未达要求作业

不停电作业应在良好天气下进行，作业前须进行风速湿度测量。风力大于5级，或湿度大于80%时，不宜不停电作业。若遇雷电、雪、雹、雨、雾等不良天气，禁止不停电作业。即使是在不停电作业过程中，若遇天气突然变化，可能危及人身安全时，也应立即停止工作，撤离人员。

2．严禁工作方案未经确定作业

不停电作业项目应勘察配电线路是否符合不停电作业条件、同杆（塔）架设线路及其方位和电气间距、作业现场条件和环境及其他影响作业的危险点，并以此确定不停电作业方法、所需工具以及应采取的措施。作业前要提前准备好作业指导书、风险预控卡、现场勘查单、工作票等。

3．严禁防护用具穿戴不齐作业

不停电作业应穿戴绝缘防护用具——绝缘服或绝缘披肩、绝缘袖套、绝缘手套、绝缘鞋、绝缘安全帽等。带电断、接引线作业应戴护目镜，使用的安全带应有良好的绝缘性能。不停电作业过程中，禁止摘下绝缘防护工具。

4．严禁人体动作串入电路作业

禁止同时接触两个非连通的带电体或同时接触带电体与接地体。斗上双人不停电作业，禁止同时在不同相或不同电位作业。

5．严禁遮蔽隔离措施不全作业

绝缘遮蔽用具用作辅助绝缘，可以在不停电作业人员发生意外后短暂接触时。起绝缘隔离或隔离保护作用，保障不停电作业安全。

6．严禁车斗吊臂过载超重作业

采用绝缘斗臂车进行不停电作业时，斗内人体、工具及携带的物品等总重量不得超过工作斗的额定荷载。禁止绝缘斗超载工作。

7．严禁空载线路未经检测作业

电缆相当于一个电容器，即使是空载线路也可能会有剩余电荷，在带电断开架空线路与空载电缆线路的连接引线之前，应检查电缆所连接的开关设备状态，确认电缆空载。电缆线路开断一定要先测电流，电流大于0.1A时要有消弧措施。

8．严禁负荷分流未经确认作业

在带负荷作业中，绝缘引流线或旁路电缆两端连接完毕且遮蔽完好后，应检测通流情况正常。断、接线前一定要测一下负荷分流情况，旁路电流占整体负荷电流的比例要符合规程规范的分流要求。

9．严禁设备故障绝缘失效作业

绝缘防护用具的检测过期，有可能会造成防护用具的绝缘失效，作业前一定要检查，另外更换的备件一定要进行绝缘检测才能使用。

10．严禁工作期间身体不适作业

不停电作业人员在操作期间，有体力不支、血压上升、视觉和听觉模糊、身体不适或发生例如中暑等会危及安全的情况时应立即停止作业。

1.1.3 作业过程关键点管控“八个必须”

根据不停电作业典型违章以及作业过程安全管控要求，结合实际现场督察凝练出作业过程关键点管控“八个必须”，涉及作业设备、作业方法、作业步骤等方面，进一步提升了现场作业的安全性。

1. 设备入网必须检测绝缘

过电压保护器、避雷器、隔离开关等设备在接入电网前，必须对其进行绝缘电阻检测，检测合格后方可接入电网。

2. 无电设备必须开展验电

不停电作业中应严格区分不同电位的设备，对于已知的无电设备必须进行验电工作，确保无漏电现象。

3. 引线拆除必须测量电流

带电开断空载线路必须测量引线电流，确认引线无电流。

4. 搭接分离必须使用锁杆

搭接、分离引线时，必须规范使用绝缘锁杆，保持人体与拆、搭作业点的安全距离。

5. 开关旁路必须退出保护

对开关进行旁路作业时，必须将开关打到就地位置并将保护退出，确保作业过程中开关不动作。

6. 旁路搭接必须核定相序

旁路系统搭接之前，必须用核相仪核定两处搭接点的相序，并用相色夹进行标识，确认相序无误后方可进行搭接。

7. 旁路断开必须分流合格

采用旁路作业法时，系统断开前必须逐相测量三相负荷分流情况，负荷分流比例要符合规程规范要求。

8. 断电设备必须充分放电

电缆和变压器等设备，在做完试验或脱离电源后，必须逐相充分放电后方可接触。

1.2 一般安全要求

1.2.1 不停电作业气象要求

不停电作业主要考虑气温、风力、雷电、雨雪雾和湿度等气象条件的影响。不停电作业应在良好天气下进行。如遇雷电（听见雷声、看见闪电）、雪、雹、雨、雾等不良天气，禁止作业；风力大于5级，或湿度大于80%时，不宜作业；作业过程中若遇天气突然变化，有可能危及人身及设备安全时，应立即停止工作，撤离人员，恢复设备正常状况或采取临时安全措施。在特殊情况下，必须在恶劣天气进行带电抢修时，应组织有关人员充分讨论并编制必要的安全措施，经本单位主管生产领导（总工程师）批准后方可进行。下面分别介绍温湿度、风、雷、雨、雪、雾等方面对不停电作业安全的影响。

（1）气温对不停电作业安全的影响主要体现在以下两个方面：

1）对人体的影响。适宜人体的气温为0～38℃，气温过高或过低都会影响人体舒适度和体能。

2）对工器具的影响。不停电作业工器具必须存放在温湿度适宜的专用库房内进行保管。

（2）风力对不停电作业的影响主要是增加空中操作难度，降低安全系数。风力过大会增加工具承受的机械荷重（水平风压荷重），导线风偏增大会改变杆塔的净空距离，风向和风力会改变电弧延伸方向和延伸长度。

（3）雷电时的过电压（大气过电压）是对不停电作业人员安全的一大危害，近距离直击雷和感应雷形成的过电压幅值远超制订安全距离时的数值，存在设备绝缘和不停电作业工具遭受破坏的风险。

（4）雨、雪、雾和湿度主要会使得绝缘工具表面绝缘电阻显著下降，增加泄漏电流并引发绝缘闪络，甚至烧损工器具，造成严重的人身或设备事故。

1.2.2 地电位作业一般要求

1．作业原理

地电位作业是指人体处于地（零）电位状态下，使用绝缘工具间接接触带电设备，来达到检修目的的方法。其特点是人体处于地电位时，不占据带电设备对地的空间尺寸。地电位作业的位置示意图如图 1-1 所示。

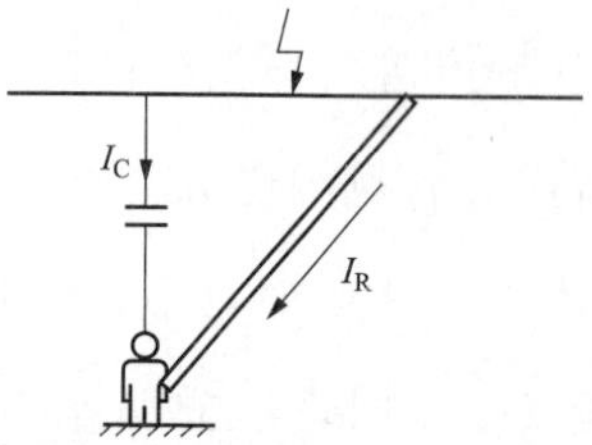

图 1-1　地电位作业的位置示意图

作业人员位于地面或杆塔上，人体电位与大地（杆塔）保持同一电位。此时通过人体的电流有两条通道：一是带电体→绝缘操作杆（或其他工具）→人体→大地，构成电阻通道；二是带电体→空气间隙→人体→大地，构成电容电流回路，这两个回路电流都经过人体流入大地（杆塔）。严格地说，不仅在工作相导线与人体之间存在电容电流，另两相导线与人体之间也存在电容电流。但电容电流与空气间隙的大小有关，距离越远，电容电流越小，所以在分析中可以忽略另两相导线的作用，或者把电容电流作为一个等效的参数来考虑。

2．技术条件

只要人体与带电体保持足够的安全距离，有足够的空气间隙，且采用绝缘性能良好的工具，通过人体的泄漏电流和电容电流都非常小（微安级），这样小的电流对人体毫无影响，足以保证作业人员的安全。

必须指出的是，绝缘工具的性能直接关系到作业人员的安全，如果绝缘工具表面脏污，或者内外表面受潮，泄漏电流将急剧增加。当增加到人体的感知电流以上时，就会使人产生刺痛感甚至发生触电事故。因此在使用时应保持工具表面干燥清洁，并注意妥当保管，防止受潮。另外对于较高电压等级的作业时，由于电场强度高、静电感应严重，还应采取防护电场的措施。如在 330kV 及以上电压等级的带电线路杆塔上及变电站架构上作业时，地电位作业也须穿静电感应防护服、导电鞋等防静电感应措施，220kV 线路杆塔上作业时宜穿导电鞋。

在配网不停电作业中，地电位作业主要是采用绝缘杆作业法。由于配电线路作业空间狭小，作业人员还必须正确穿戴个人绝缘防护用具，并对作业区域内采取必要的相对地、相与相之间的绝缘遮蔽措施。此外，考虑到人体活动范围的影响，人体与带电体的最小安全作业距离应在最小安全距离（0.4m）的基础上加一个合理的人体活动范围的数值增量（一般取 0.5m）。

1.2.3 中间电位作业一般要求

1．作业原理

中间电位作业法是指人体处于接地体和带电体之间的电位状态，使用绝缘工具间接接触带电设备来达到其检修目的的方法。其特点是人体处于中间电位下，占据了带电体与接地体之间一定空间距离，既要对接地体保持一定的安全距离，又要对带电体保持一定的安全距离。在配网不停电作业中，可以是既对接地体保持一定的绝缘强度，又要对带电体保持一定的绝缘强度，就可以进行作业。这是由于配电线路电压等级较低，可以通过绝缘材料包裹形成一定绝缘强度代替一定的空间距离，来达到安全作业。而输电不停电作业中，电压等级较高，没有绝缘材料能包裹形成一定绝缘强度，所以必须保持一定的安全距离来保证不停电作业安全。中间电位作业的位置示意图如图 1-2 所示。

当作业人员站在绝缘梯上或绝缘平台上，用绝缘杆进行的作业即属中间电位作业，此时人体电位是低于导电体电位高于地电位的某一悬浮的中间电位。

采用中间电位法作业时，人体与导线之间构成一个电容 C_1，人体与地（杆塔）之间构成另一个电容 C_2，绝缘杆的电阻为 R_1，绝缘平台的绝缘电阻为 R_2。

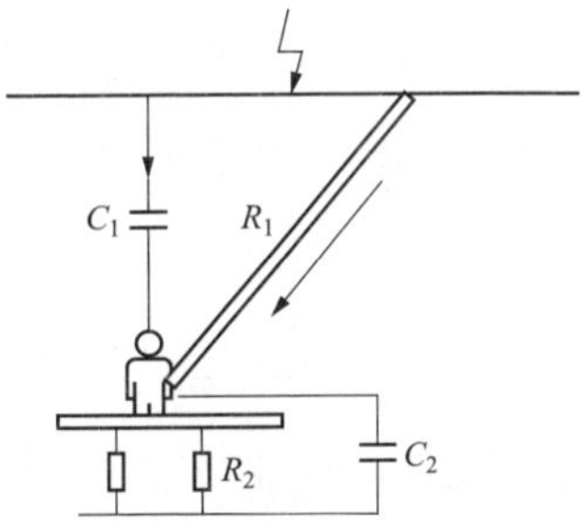

图 1-2 中间电位作业的位置示意图

作业人员通过两部分绝缘体分别与接地体和带电体隔开，这两部分绝缘体共同起着限制流经人体电流的作用，同时人体还要通过组合间隙（由两段空气间隙组成）来防止带电体通过对人体和接地体发生放电。

2．技术条件

在采用中间电位法作业时，带电体对地电压由组合间隙共同承受，人体电位是一悬浮电位，与带电体和接地体是有电位差的，在作业过程中应注意以下几点：

（1）地面作业人员是不允许直接用手向中间电位作业人员传递物品的。一是若直接接触或传递金属工具，由于二者之间的电位差，将可能出现静电电击现象；二是若地面作业人员直接接触中间电位人员，相当于短接了绝缘平台，使绝缘平台的电阻 R_2 和人与地之间的电容 C_2 趋于零，不仅可能使泄漏电流急剧增大，而且因组合间隙变为单间隙，有可能发生空气间隙击穿，导致作业人员电击伤亡。

（2）当系统电压较高时，空间场强较高，中间电位作业人员应穿屏蔽服，避免因场强过大引起人的不适。

（3）绝缘平台和绝缘杆应定期检验，保持良好的绝缘性能，其有效绝缘长度应满足相应电压等级规定的要求，其组合间隙一般应比相应电压等级的单间隙大 20%左右。

（4）配网不停电作业中，中间电位作业更多的是采用绝缘手套作业法，必须强调由主绝缘工具、辅助绝缘用具和安全距离（空气间隙）组成“多层后备绝缘防护”的安全作业理念，正确穿戴个人绝缘防护用具，设置绝缘遮蔽措施和保持足够的安全距离（对接地体、对临相）。

1.2.4 等电位作业一般要求

1．作业原理

等电位作业是借助于绝缘工器具使作业人员与带电体处于同一个电位上的作业。作业时人员必须时刻与带电体保持接触。等电位作业法为接地体→绝缘体→人体和带电体，即人体通过绝缘体与接地体绝缘以后，当达到一定的安全距离或一定的绝缘强度，可以直接接触带电体进行工作。

一般而言，距离带电导线的距离越近，空间场强越高。当把一个导电体置于场强中时，在靠近高压带电体的一面将感应出与带电体极性相反的电荷。当作业人员沿绝缘体进入等电位时，由于绝缘体本身的绝缘电阻足够大，通过人体的泄漏电流将极小。但随着人与带电体的逐步靠近，感应作用越来越强烈，人体与导线之间的局部场强越来越高。当人与带电体之间距离减小到场强足以使空气发生游离时，带电体与人体之间将放电，尤其是人手接近带电导线时，会伴随明显的电弧和啪啪的放电声。当人体完全接触带电体后，中和过程完成，人体与带电体达到同一电位。

对于110kV或更高等级的输电线路，冲击电流初始值一般约为十几安至数十安。由此可见，冲击电流的初始值较大，因此作业人员必须身穿全套屏蔽服，通过导电手套或等电位转移线（棒）接触导线。如果徒手接触导线，则会对人体产生强烈的刺激，有可能引发二次事故或导致电气烧伤。当然，由于冲击电流是一种脉冲放电电流，持续时间短，衰减快，通过屏蔽服可以使直接流入人体的冲击电流非常小，而且屏蔽服的持续通流容量较大，暂态冲击电流也不会对屏蔽服造成任何损坏。一般来说，采用导电手套接触带电导线，由于身穿屏蔽服人体相对带电导线较近，相当于电容器的两个极板较近，感应电荷增多，因此冲击电流也较大。如果作业人员用电位转移线（棒）搭接，人体可以对导线保持较大的距离，使感应电流减小，冲击电流减小，从而避免等电位瞬间冲击电流对人体的影响。

在作业人员脱离高电位时，即人与带电体分开并有空气间隙时，相当于出现了电容器的两个极板，静电感应现场同时出现，电容器充电。当间隙小到使场强高到足以使空气游离时，带电体与人体之间又将放电，出现电弧和啪啪的放电声。当等电位作业人员靠近导线时，如果动作迟缓并与导线保持在空气易击穿的临界距离，那么空气时而击穿时而恢复，极易导致局部温度升高，从而烧断导电手套的部分金属丝。因此，进出等电位电场时，都应动作迅速。

2．技术条件

（1）作业人员借助某一绝缘工具（硬梯、软梯、吊篮等）进入高电位时，该绝缘工具性能应良好且保持与相应电压等级适应的有效绝缘长度，使通过人体的泄漏电流控制在微安级的水平。

（2）其组合间隙的长度必须满足相关规程及标准的规定，使放电概率控制在10^{-5}以下。

（3）等电位作业一般在63（66）kV及以上电压等级的电力线路和电气设备上进行。在进入或脱离等电位作业时，要防止暂态冲击电流对人体的影响。

因此，在等电位作业中，作业人员应穿着全套屏蔽服，迅速完成电位转移。

（4）若须在35kV电压等级进行等电位作业时，应采取可靠的绝缘隔离措施。而配电线路相较于输电线路，线路结构复杂，相与相之间、相与地之间空间距离小，人员无法进出电位，且相关规定特别明确了“20kV及以下电压等级的电力线路和电气设备上不准进行等电位作业”。

1.3 保证安全的组织措施

1.3.1 现场勘察制度

现场勘察是判断能否采取不停电作业方式进行检修、安装和调试工作，并确定作业方法和作业所需工具以及应采取的安全和技术措施，制订作业方案的基本依据。现场勘察由工作票签发人或工作负责人组织，参与勘察的人员必须有实际不停电作业经验，并熟悉相关的规程或规定。

勘察的内容一般包括以下几点：

1．查阅资料

通过查阅资料了解作业设备的导、地线的规格、型号、设计所取的安全系数及载荷，杆塔结构、档距和相位关系，系统接线方式、运行方式等。必要时还应验算导线应力、导线电流（空载电流、环流）和电位差、计算作业时的弧垂并校核对地或被跨物的安全距离。

2．现场勘察

（1）了解作业地形状况、地质地貌、周围环境等因素，考虑道路情况是否允许绝缘斗臂车通过；线路是否在绝缘斗臂车作业半径内；绿化带、周围建筑等是否影响作业；有无合适位置供绝缘斗臂车停放等。

（2）了解设备各种间距、交叉跨越等是否满足作业条件。当有同杆架设的低压线路或通信线路时，必要时须联系有关部门对其停电，以及在作业时对其进行遮蔽保护。

3．了解缺陷性质及部位和严重程度

了解缺陷性质及部位和严重程度有助于进行危险点分析和控制，并有针对性地制订作业方法、作业步骤。

4．了解装置条件

了解装置情况是否满足作业条件，如在采用脚扣、登高板、绝缘平台作业时，须了解拉线、杆根状况；对于在作业中需要牵引、提升导线的作业，还要检查作业点两侧相邻电杆上绝缘子帮扎线的情况。

在处理紧急缺陷时不进行现场勘察，但工作负责人应制订多套施工方案，携带多种工具，以保证抢修作业的安全。

1.3.2 工作票制度

输电线路不停电作业应填写电力线路带电作业工作票，配电线路不停电作业应填写配电带电作业工作票。事故情况下的带电抢修，可不填工作票，但必须填写事故应急抢修单，履行许可手续，做好安全措施及记录。

工作票应提前签发，可由工作票签发人填写并签发，也可由工作负责人填写经工作票签发人审核后签发。工作票签发人和工作负责人、专责监护人应由具有不停电作业资格、不停电作业实践经验的人员担任，工作票签发人不得兼任工作负责人。工作票应提前交给工作负责人，工作负责人同一时间手中不得同时持有多张有效的工作票。同一电压等级，同类型的不停电作业项目，当装置相同、安全措施相同时可在数条线路上共用一张工作票。

工作票必须按票面要求逐项填写，一份交工作负责人，一份留存工作票签发人或工作许可人处。工作票的有效时间以批准检修期为限，已结束的工作票应保存一年，不停电作业所用工作票不得延期。

1.3.3 工作许可制度

工作负责人必须在不停电作业开始前，与值班调度员（或运行人员）联系，汇报工作点设备名称、工作内容、安全措施的情况。如需停用线路重合闸或直流再启动保护，必须提前向调度申请，确定线路重合闸装置已退出工作并得到工作许可。即使不退出重合闸的作业项目，工作负责人也必须在现场作业前与值班调控人员（或运行人员）联系，汇报工作地点设备名称、工作内容和安全措施等情况，以便发生异常情况时，调度考虑到带电设备上有人工作，从而制订出有利作业人员安全的处理方案。

对于配（农）网不停电作业，为了进一步强化作业风险管控，采用两级许可方式：第一级许可为电话许可，由调度部门下令至设备运维单位工作许可人；第二级许可为现场当面许可，由设备运维单位工作许可人现场许可。值得注意的是：不停电施工（检修）作业不得采用一级许可方式；第二级许可不得为电话许可，设备运维单位工作许可人必须到现场开展许可工作；严禁未经许可开展不停电作业。

1.3.4 工作监护制度

不停电作业时，作业人员距离带电设备近且视角单一，容易有违规的动作发生，这就需要有专人（工作负责人或专责监护人）进行全面、周密且连续的监护工作。

监护人不得直接操作，以免分散注意力而忽视了作业人员的操作规范性；监护人不仅要在作业过程中进行认真监护，还要做到全面控制布置现场、工器具检测、穿戴个人防护用具等环节；监护人监护的范围不得超过一个工作点，如地面监护有困难时，应在地面和杆塔上同时设监护人；大型的不停电作业涉及多个工作点的，每个工作点应设专职监护人；作业过程中，在杆上作业人员换相或转移电位作业必须征得监护人的同意，上下呼应应及时。

当作业中由于特殊原因需要更换监护人或工作班组成员时，必须停止作业，并让作业人员撤离带电区域。经工作票负责人同意后，进行交接，并重新召开现场站班会，确认现场安全措施。

1.3.5 工作间断、转移制度

（1）工作间断。在不停电作业过程中，需要短时间停止作业时，应将杆塔或设备上的工具可靠固定，并保持安全隔离和派专人看守。若间断时间较长，则应将工具从杆塔或设备上全部拆下。恢复间断工作前，必须重新检查现场安全措施、现场设备和工器具，确认安全可靠后，方能重新开始工作。间断前须与工作票签发人、调度值班员（或运行人员）联系；恢复工作前必须重新办理许可手续以及进行现场安全措施的交底与落实。在工作中遇雷、雨、大风或其他任何威胁到工作人员安全的情况时，工作负责人或专责监护人可根据情况，临时停止工作。

（2）工作转移。对于在同一电压等级的数条线路上进行同类型的简单作业，或者在一条线路上进行带电综合检修等类似情况，需要转移不停电作业现场时，只有在原作业点工作结束，人员和工具全部从杆塔上撤离，现场清理完毕后，方可转移到新的作业点工作。

1.3.6 工作终结制度

作业完成后，工作负责人（包括小组负责人）应检查线路检修地段的状况，仔细清理工作现场，确认在杆塔、导线、绝缘子串及其他辅助设备上没有遗漏的工具及材料，设备是否恢复工作状态等，查明全部工作人员确由杆塔上撤下。多个小组工作时，工作负责人应得到所有小组负责人工作结束的汇报。工作负责人工作结束后应联系调度值班员汇报工作结束，如停用重合闸的，调度值班员恢复线路重合闸。一条线路上的工作可一次性办理工作许可手续和工作终结手续；数条线路上的工作应逐点进行工作许可和工作终结。

1.4 保证安全的技术措施

1.4.1 停用重合闸或直流再启动保护

不停电作业有下列情况之一者，应停用重合闸或直流再启动（相当于交流线路中的重合闸功能）保护，并不得强送电：

（1）中性点直接接地的系统中有可能引起单相接地的作业。

（2）中性点非有效接地的系统中有可能引起相间短路的作业。

（3）直流线路中有可能引起单极接地或极间短路的作业。

（4）工作票签发人或工作负责人认为需要停用重合闸或直流再启动保护的作业。

情况（1）～（3）中故障电流均很大，很容易造成线路重合闸或直流再启动。重合闸过程中产生的过电压对作业人员的安全具有一定的威胁，如果是在作业点发生故障导致线路重合，作业人员还会受到二次伤害。

工作票签发人和工作负责人接到工作任务后，必须到现场进行勘察，了解作业线路所属配电网络的中性点运行方式，结合采取的不停电作业方法，仔细分析作业中有无发生相间或相对地短路的可能来确定是否停用重合闸。当现场作业环境比较复杂，工作票签发人或工作负责人无法确定作业线路所在配电网络的中性点运行方式时，工作票签发人或工作负责人认为有必要也可以停用该线路的重合闸装置。停用重合闸时，设备跳闸后，不得强送电，并且严禁约时停用或恢复重合闸。

需要注意的是，停用线路重合闸装置虽然对不停电作业安全具有一定的作用，但同时会降低线路运行的稳定性，在作业结束后应立即向值班调控人员（或运行人员）汇报，以便及时恢复重合闸装置。另外在不停电作业过程中如果发生设备突然停电的情况，作业人员应视设备仍然带电，工作负责人应尽快与调度（或运行人员）联系，调度当值（或运行人员）未与工作负责人取得联系前不得强送电。

1.4.2 现场工器具检查

在不停电作业过程中，绝缘工器具的电气绝缘性能直接关系到作业人员的安全，虽然许多绝缘工器具主要依靠层向绝缘来限制通过人体的各种电流，但实际上绝缘工器具的表面绝缘电阻和体积绝缘电阻是同时起作用的。即使当绝缘工器具体积绝缘电阻很大时，如果绝缘工器具表面脏污、受潮或附着金属粉末等，则会大大增加绝缘工器具的表面泄漏电流，降低闪络电压值，影响作业安全。同时由于使用、维护、储存、运输等方面的因素，其操作性能和绝缘性能可能受到破坏，给不停电作业带来安全隐患。因此，不停电作业用绝缘工器具使用前（不仅仅只对绝缘工具），必须按类别分区摆放在防潮垫（毯）上，作业人员使用干燥毛巾逐件对绝缘工器具进行擦拭并进行外观检查，如工器具是否有在其试验周期内的试验“合格”标签，工器具有无损伤、变形等。

自制标准电极的手柄应使用绝缘材料，并且注意保持干燥和清洁，其电极接触绝缘工器具部分应光洁，防止刮伤工器具表面。为了防止作业人员在检测、试操作或组装绝缘工器具的过程中人为污染绝缘工具，必须戴干燥、清洁的手套，并且应将标准电极压住被试品稳定一下再读数。通常情况下使用5000V及以上绝缘电阻表或绝缘检测仪进行分段绝缘检测（电极宽2cm，极间宽2cm），阻值应不低于700MΩ，禁止使用不合格的工器具。

现场检测绝缘工器具的表面绝缘电阻要考虑到检测方法的实效性。由于绝缘工器具材料、结构、使用方法的不同，其检测方法也有所侧重，以下举例说明。

1．绝缘服（披肩）、绝缘裤和绝缘包毯

绝缘服（披肩）和绝缘裤应侧重外表面绝缘电阻的测量，特别是边沿部分、衣缝等处。而内表面由于工作中作业人员皮肤直接接触以及汗液的污染，不考虑其表面绝缘性能，但要求工作后及时清洁内表面以避免加速绝缘材质的老化。

2．蛇形管（跳线管）

蛇形管（或称跳线管，起遮蔽引线的作用）的材质为橡胶，其老化往往反映在波纹的“沟部”和管的开口内侧（特别是厚度不一、有过渡的部位），使用一段时间后，会出现很多细小的缝，这些部位也是预防性交流耐压试验常发生击穿的部位。由于其表面不规则的形状，在表面绝缘电阻检测时两个电极之间绝缘材料的实际长度是2cm的若干倍，无法有效地检出这些缺陷，所以蛇形管（跳线管）的现场检查应侧重于表面清洁和检查，如掰开其波纹，检查“沟部”有无明显裂缝，如有应禁止使用。

3．绝缘绳

绝缘绳使用中最易受到污染的是两端的绳头，如工作中拖在地面及捆绑有污染的物件等，所以应侧重检查绝缘绳索两端的表面绝缘电阻。使用中应保持绳头与地面的距离大于50cm。

4．绝缘杆

主要检测有效绝缘长度部分，测量中应避免两电极同时接触杆件的金属联续部位，以防损坏仪表。

当绝缘工器具表面绝缘电阻不合格时，应分析其原因，并采取正确的处理方式。容易去除的灰尘或其他物质，可以用干净毛巾擦除，也可蘸清水擦除，然后在阴凉通风处晾干；不易去除的油污，可用专用清洗剂擦拭，然后在阴凉通风处让清洗剂自然挥发 15min。表面局部受潮，只要在阴凉通风处放置一段时间后即可恢复其绝缘性能，但如果是（分布性）整体受潮，其内部的水分无法及时散发，绝缘性能恢复较慢，则禁止在作业中使用，应在库房进行烘干处理，并经预防性试验合格后才能使用。绝缘工器具表面划伤后易积累污垢、金属粉尘等，从而降低表面绝缘电阻，同时也会影响到体积绝缘电阻，可以用砂纸进行打磨，然后用绝缘漆进行覆盖处理，待绝缘漆干燥，检测其表面绝缘电阻后才能使用。

1.4.3 正确使用个人防护用具

个人绝缘防护用具虽然是辅助绝缘保护，但在配电线路不停电作业中起着非常重要的作用，既可以阻断稳态触电电流，又可以防止静电感应暂态电击。同时，它是保证配电线路不停电作业安全的最后屏障。因此，不停电作业人员必须按规定着装，正确使用个人绝缘防护用具，并且在作业过程中，禁止摘下绝缘防护用具。杆上间接作业人员（绝缘杆作业法作业）必须戴绝缘安全帽、使用绝缘手套，并根据作业装置的复杂情况和作业过程的实际需要穿戴正确的绝缘防护用具。绝缘斗臂车、绝缘梯（绝缘快速脚手架）或绝缘平台上的直接作业人员（绝缘手套作业法作业）必须正确穿戴个人绝缘防护用具进行作业，使用绝缘安全带，并遵守高处作业有关安全规定。同时禁止使用有损坏、受潮、变形或失灵的不停电作业装备、工具；操作绝缘工具时应戴清洁、干燥的手套。

等电位作业时，人体直接接触高压带电部分。处在高压电场中的人体，会有危险电流流过，危及人身安全，因而所有进入高电场的工作人员，都应穿全套屏蔽服。不停电作业屏蔽服又称等电位均压服，是采用均匀的导体材料和纤维材料制成的服装。其作用是在穿用后，使处于高压电场中的人体外表面各部位形成一个等电位屏蔽面，从而防护人体免受高压电场及电磁波的危害。成套的屏蔽服装应包括上衣、裤子、帽子、袜子、手套、鞋及其相应的连接线和连接头。

屏蔽服的原料是金属丝布。金属丝布的品种较多，国内用 0.025、0.03mm 或 0.05mm 细铜丝与超细玻璃纤维、聚四氟乙烯纤维、柞蚕丝或棉纤维拼捻成斜纹或平纹布。屏蔽服表面电阻率低，从头到脚电阻不大于 10Ω，单件衣物质量大约为 1kg。在使用前必须仔细检查外观质量，如有损坏即不能使用；穿着时必须将衣服、帽、手套、袜、鞋等各部分的多股金属连接线按照规定次序连接好，并且不能和皮肤直接接触，屏蔽服内应穿内衣；屏蔽服使用后必须妥善保管，不与水气和污染物质接触，以免损坏，影响电气性能。

1.4.4 作业安全距离的确定

防止过电压伤害的根本手段就是在不同电位的物体（包括人体）之间保持必要的距离，即安全距离。安全距离是指为了保证人身安全，作业人员与不同电位的物体之间所应保持各种最小空气间隙距离的总称。具体地说，安全间距包含下列五种间隙距离，即最小安全距离、最小对地安全距离、最小相间安全距离、最小安全作业距离和最小组合间隙。最小安全距离是指系统最大过电压条件下，人体与带电体之间不发生放电，并有足够安全裕度的空气间隙长度；最小对地安全距离是指作业人员身体各部位，包括手持导电工具与接地体之间所需保持的最小空气距离；最小相间安全距离是指作业人员身体各部位，包括手持导电工具与邻相带电体之间所需保持的最小空气距离；最小安全作业距离是指作业人员身体各部位，包括手持导电工具与带电体之间所需保持的最小空气距离；最小组合间隙是指作业人员处在中间电位时，与接地体的距离及与带电体的距离之和。在规定的安全间距下，不停电作业中即使产生最高过电压，该间隙可能发生击穿的概率总是低于预先规定的可接受值。

进行地电位不停电作业时，人身与带电体间的安全距离（不包括人体活动范围）不准小于表 1-1 的规定。35kV 及以下的带电设备，不能满足表 1-1 的规定的最小安全距离时，应采取可靠的绝缘隔离措施。

表 1-1　　不停电作业时人身与带电体的安全距离

电压等级（kV）	10	35	63（66）	110	220	330	500	750	1000	±500	±800
距离（m）	0.4	0.6	0.7	1.0	1.8	2.2	3.4	5.2	6.8（6.0）*	3.4	6.8

* 单回输电线路数据，6.0m 为边相值，6.8m 为中相值。

绝缘工具的有效长度不得小于表 1-2 的规定。

表 1-2　　绝缘工具的最小有效长度

电压等级（kV）	有效绝缘长度（m）	
	绝缘操作杆	绝缘承力工具、绝缘绳索
10	0.7	0.4
20	0.8	0.5
35	0.9	0.6
63（66）	1.0	0.7
110	1.3	1.0
220	2.1	1.8
330	3.1	2.8
500	4.0	3.7
750	—	5.3
1000	—	6.8
±500	3.5	3.2
±660	—	—
±800	—	6.6

等电位作业人员对地距离应不小于表 1-1 的规定，对相邻导线的最小距离应不小于表 1-3 的规定。

表 1-3　　等电位作业人员对相邻导线的最小距离

电压等级（kV）	10	35	63（66）	110	220	330	500	750
距离（m）	0.6	0.8	0.9	1.4	2.5	3.5	5	6.9（7.2）*

* 6.9m 为边相值，7.2m 为中相值。

等电位作业人员在绝缘梯上作业或沿绝缘梯进入强电场时，其与接地体和带电体两部分间隙所组成的组合间隙不得小于表 1-4 的规定。

表 1-4　　等电位作业中的最小组合间隙距离

电压等级（kV）	63（66）	110	220	330	500	750	1000	±500	±660	±800
距离（m）	0.8	1.2	2.1	3.1	4.0	4.9	6.9	3.8	—	6.8

在配电线路上，斗臂车的臂上金属部分在仰起、回转运动中，与带电体间的最小安全距离应符合表 1-5 的规定。

表 1-5　　绝缘斗臂车的臂上金属部分与带电体间的最小安全距离

电压等级（kV）	最小安全距离（m）
10	0.9
20	1.0
35	1.1

带电升起、下落、左右移动导线等作业时，与被跨物间交叉、平行的最小安全距离应符合表 1-6 的规定。

表 1-6　　移动导线时，与被跨物间交叉、平行的最小安全距离

电压等级（kV）	最小安全距离（m）
10	1.0
20	1.1
35	1.2

1.4.5　绝缘遮蔽（隔离）措施

对于不停电作业而言，无论是采用何种作业方法，现场作业都要有效设置绝缘遮蔽（隔离）措施：

（1）配电线路不停电作业应强调“多层后备防护和提倡越绝缘越好”的安全作业理念，绝缘防护应由主绝缘工具、辅助绝缘用具以及人体对非接触的带电体（如导线）或接地体（如横担等）保持的空气间隙（安全距离）所组成，绝缘隔离措施的范围应比作业人员活动范围增加 0.4m 以上。采用绝缘手套作业法时无论作业人员与接地体和相邻带电体的空气间隙是否满足规定的安全距离，作业前均需对人体可能触及范围内的带电体和接地体进行绝缘遮蔽。

（2）需要考虑的遮蔽问题包括何处需要遮蔽（位置）、为何要遮蔽（目的）、如何遮蔽（方法）等；遮蔽应按照“从近到远、从下到上、从带电体到接地体”的顺序对作业中可能触及的带电体、接地体进行有效绝缘遮蔽（隔离）；拆除顺序时顺序相反。

1）对带电体设置绝缘遮蔽时，按照从近到远的原则，从离身体最近的带电体依次设置；对上下多回分布的带电导线设置遮蔽用具时，应按照从下到上的原则，从下层导线开始依次向上层设置；对导线、绝缘子、横担的设置次序是按照从带电体到接地体的原则，先放导线遮蔽罩，再放绝缘子遮蔽罩、然后对横担进行遮蔽，遮蔽用具之间的接合处应有大于 15cm 的重合部分。

2）如遮蔽罩有脱落的可能时，应采用绝缘夹或绝缘绳绑扎，以防脱落。作业位置周围如有接地拉线和低压线等设施，也应使用绝缘挡板、绝缘毯、遮蔽罩等对周边物体进行绝缘隔离。另外，无论导线是裸导线还是绝缘导线，在作业中均应进行绝缘遮蔽。

3）拆除遮蔽用具应从带电体下方或者侧方拆除绝缘遮蔽用具，拆除顺序与设置遮蔽相反：按照从远到近的原则，从离作业人员最远的开始依次向近处拆除，如是拆除上下多回路的绝缘遮蔽用具，应按照从上到下的原则，从上层开始依次向下顺序拆除。对于导线、绝缘子、横担的遮蔽拆除，应按照先接地体后带电体的原则，先拆横担遮蔽用具（绝缘垫、绝缘毯、遮蔽罩），再拆绝缘子遮蔽罩，然后拆导线遮蔽罩。在拆除绝缘遮蔽用具时应注意不使被遮蔽体受到较大振动，要尽可能轻地拆除。

4）面向杆上作业位置吊运工具和遮蔽用具时，工具和遮蔽用具应分别装入不同的吊装袋，避免混装。采用绝缘斗臂车的绝缘小吊或绝缘滑轮吊放时，吊绳下端应不接触地面，要防止受潮及缠绕在其他设施上，吊放过程中应边观察边吊放。杆上作业人员之间传递工具或遮蔽用具时应一件一件地分别传递。

1.4.6 低压配网不停电作业相关技术措施

（1）作业人员应站在干燥的绝缘物上进行，使用绝缘工具，防止相间短路或单相接地。

（2）上杆前应检查杆基是否牢固。带电导线未采取绝缘措施前，作业人员不得穿越，上杆后选好合适工作位置，确保安全帽不触及或超越架空线路。

（3）作业前站好工作位置，确保身体任何部位不会触及带电部位，并与地面、墙壁、电杆等地电位物体或导线有效隔离。

（4）分清中性线（零线）、相线（火线），采用验电器或低压验电笔进行测试验证，必要时可用万用表进行测量。逐相依次进行作业，搭接顺序应遵循“先搭零线、后搭相线”的原则，断开导线时，顺序与此相反。在接触某一相导线的过程中，不得与其他相导线和接地部分（含地电位物体）相碰触。

（5）分清高、低压带电线路，保持足够的安全作业距离。高低压同杆架设，在低压带电线路上工作时，应先检查与高压线路的距离是否满足不停电作业的安全距离，同时采取防止误碰高压带电设备的措施。禁止使用低压验电器、低压绝缘工器具在高压带电线路及设备上进行验电或作业。

（6）低压相间距离小，作业时应采取防止相间短路和单相接地的绝缘隔离措施。在配电箱（柜）内不停电作业时，可采取用绝缘毯和绝缘毯夹进行相间和相对地的绝缘隔离措施。

（7）被断开的线头应用绝缘胶布临时包扎，逐相套上有相色标识的绝缘套，保证原有相序不变，防止相间短路以及触碰箱（柜）体外壳造成对地短路。

（8）接触金属配电箱（柜）体前，必须先对箱（柜）体进行验电，验明箱（柜）体对地确无电位差（电压）后再接触箱（柜）体。验电或打开箱（柜）门时，应使用右手，打开过程要面朝箱（柜）门背侧并随同打开幅度同步移动，防止人体直接面对箱（柜）本体时遭受可能的异常短路电弧伤害。

第 2 章　不停电作业工器具及车辆的使用与管理

2.1　不停电作业工器具的分类

2.1.1　输电不停电作业工器具

输电不停电作业工具大致可以按工作性质和内容分为以下几类：

（1）进入电场类：绝缘小座梯（座椅、吊篮）、绝缘软梯、绝缘挂梯、绝缘平梯、独脚梯、电位转移杆、绝缘绳索等。

（2）更换绝缘子类：更换单片、整串（包括直线和耐张）绝缘子工器具。主要有牵引装置（包括液压或丝杆紧线器、绝缘滑车和轻型机动绞磨），绝缘承力拉板（杆），提线的各种卡具、托（吊）瓶装置。

（3）绝缘子检测类：火花间隙、定性自爬式绝缘子检测器、定量自爬式绝缘子检测仪、绝缘子检测绝缘电阻表。

（4）个人防护类：屏蔽服、静电防护服、导电鞋、导电眼镜等。

（5）其他：操作杆、飞车、拔销器、勾瓶杆、跟斗滑车、推拉器、导线保险钩、射绳枪、对讲机、不停电作业工程车等。

2.1.1.1　进入电场的工器具

1．绝缘小座梯（座椅、吊篮）

如图 2-1 所示，绝缘小座梯是进入电场的一种轻便的座椅。等电位电工坐在小梯子的中间较宽横梁上，由固定在横担上的绝缘滑车，通过绝缘绳将其放至导线进入电场，或将其脱离导线退出电场。

小座梯长（高）1.2m、宽 0.5m，由环氧绝缘材料制成。它因体积小、质量轻、易携带而广受欢迎。等电位电工利用它在进入和退出电场时，不需自身爬梯，大大减少等电位电工的劳动强度。

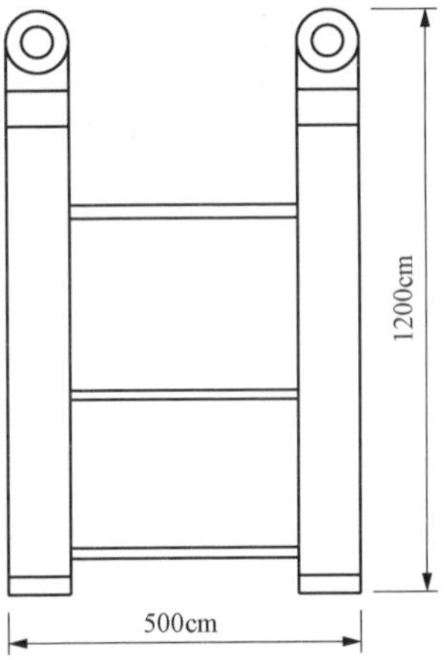

（a）

（b）

图 2-1　绝缘小座梯（座椅、吊篮）

（a）绝缘小坐梯；（b）座椅、吊篮

2．绝缘软梯

如图 2-2 所示，绝缘软梯是由绝缘绳、绝缘管制成，顶端有软梯架（头）。软梯架的作用是通过它可将软梯挂在导线或横担上。通过软梯等电位电工爬上或爬下进出电场。此梯适应强、质量轻、便于携带。绝缘软梯长短不受限制，广泛应用于进入电场作业。

3．绝缘挂梯

如图 2-3 所示，在更换直线绝缘子时，将其挂在靠横担侧组装的滑杆上，利用此梯顶端安装的挂钩和滑轮，沿滑杆滑至导线侧，以进入电场。

图 2-2　绝缘软梯

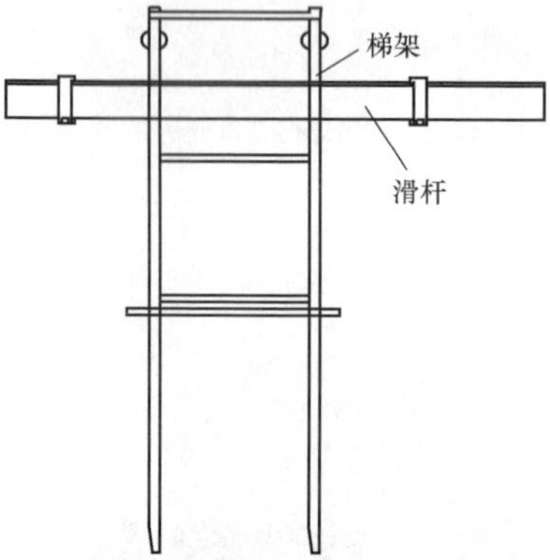

(a)

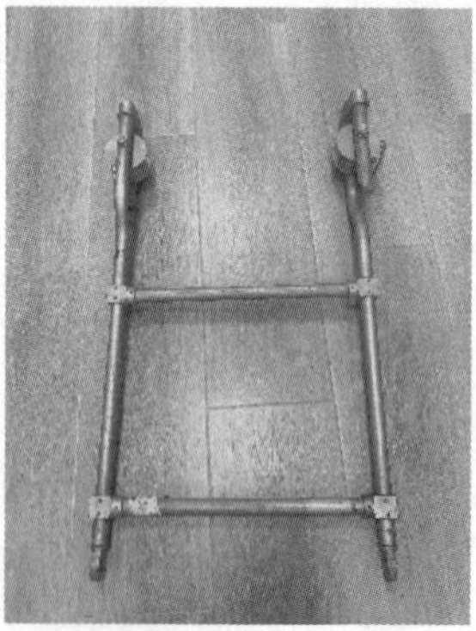

(b)

图 2-3　绝缘挂梯

（a）示意图；（b）实物图

4．绝缘平梯

如图 2-4 所示，绝缘平梯是以杆塔为依托，一端用钩直接挂导线，或用绝缘绳悬吊在塔上适当位置，使其端部接近导线；另一端或梯的中部用绝缘绳悬吊在塔上适当位置的绝缘水平硬梯。其材料为椭圆形空心绝缘管或槽形绝缘板。此梯长度可为 6～7m，但不便携带，可做成多节组合梯。

(a)

(b)

图 2-4　绝缘平梯

（a）示意图；（b）实物图

5．电位转移杆

电位转移杆如图 2-5 所示。等电位工人在进入或退出电场时，有一个电位转移过程，电位转移杆就是实现电位转移用的。如果屏蔽服质量可靠，也可用戴屏蔽服手套的手直接完成电位转移，但在 750kV 电压等级以上时，必须使用电位转移杆作业。

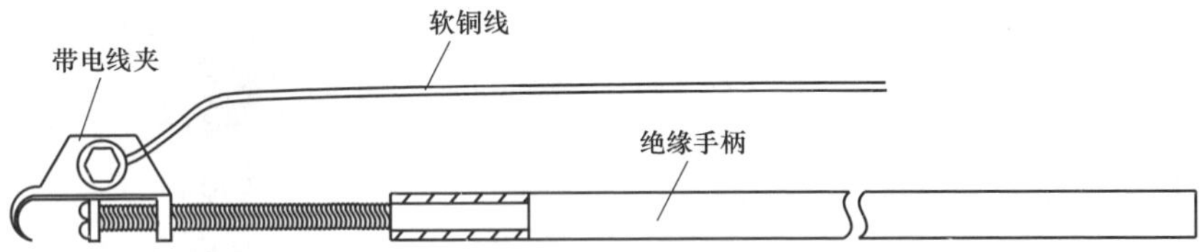

图 2-5　电位转移杆

6．绝缘绳索

绝缘绳索现在已广泛应用于不停电作业工作中，是不停电作业中常用的绝缘工具之一。目前使用的绝缘绳索主要分白蚕丝绳和锦纶绳两类，绝缘绳均由多股单纱捻制而成。2002 年以后，又有通过表面处理的防潮绝缘绳，防潮绝缘绳较普通绝缘绳增加了防潮功能，可以在潮湿的天气中使用。绝缘绳按用途又可分为传递绳、承力绳、吊拉绳、控制绳、测距绳、保护绳等。

2.1.1.2　更换绝缘子的工器具

在更换线路上的绝缘子时，牵引装置主要起两个作用：①收紧导线，使绝缘子串松弛，以便更换；②将更换的绝缘子串放至地面或传至塔上复原。这两种设备分别称为紧线装置和提升装置。

（1）紧线装置。紧线装置又称紧线器，它分丝杆紧线器和液压紧线器两种。单行程丝杠紧线器主要用来更换直线塔的整串或单片绝缘子，将它与绝缘承力拉板（杆）相连并固定在横担上，利用绝缘承力拉板（杆）另一端的金属卡具或导线钩与连板或导线相连来收紧导线。

（2）提升装置。提升装置主要是绝缘滑车，提升装置（绝缘滑车）如图 2-6 所示。在线路作业中，起吊绝缘子串、不停电作业工器具和等电位作业人员进入电场，以及作业力转向、换向均需使用绝缘滑车，可以说绝缘滑车在不停电作业工作中应用范围非常广。

2.1.1.3 检测绝缘子的工器具

1．定性式零值绝缘子检测装置

（1）火花间隙又称短路叉，分固定式和可变式两种。500kV 线路上的绝缘子检测大都使用固定式，短路叉如图 2-7 所示。

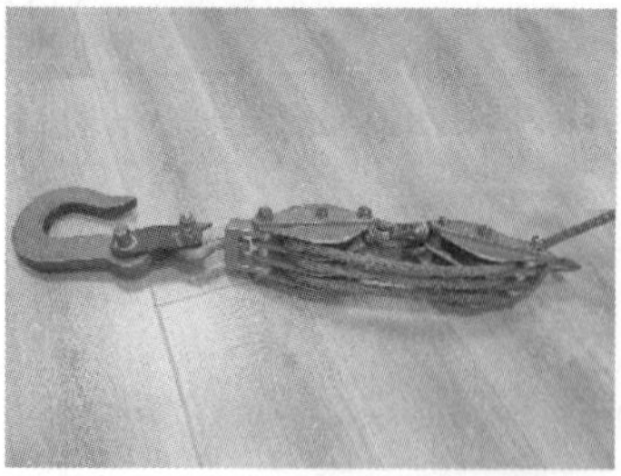

图 2-6 提升装置（绝缘滑车）

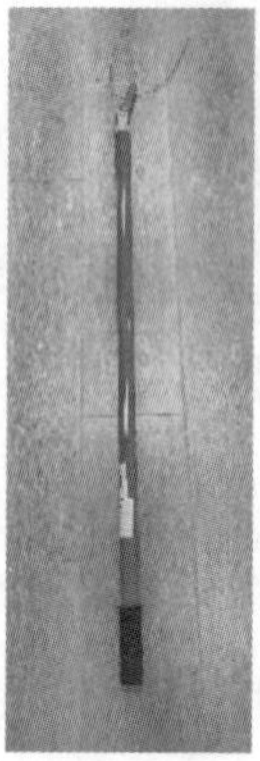

图 2-7 短路叉

（2）自爬式零值绝缘子检出器。目前使用的有 2P-I 型零值绝缘子检出器，主要用于耐张绝缘子串；ZZ-Ⅰ型零值绝缘子检出器，主要用于直线绝缘子串。

2．定量式绝缘子分布电压检测装置

目前使用的有静电式绝缘子检测仪、绝缘子分布电压自动检测仪、绝缘子分布电压地面打印检测仪等。

（1）静电式绝缘子检测仪。它是利用高压电容分压器的静电电压表，从运行绝缘子上引下电压，经高压电容分压器分压，利用静电电压表测量原理来测量相应的电压值。此检测仪的量程分为 0～10kV、0～25kV 两挡。精度 2.5 级，主电容分压器的电容量小于 8pF。仪器能耐受 4kV 工频电压 5min 通过。

此仪器与短路叉一样，操作时需较长的绝缘操作杆，故在 500kV 设备上使用受到限制。

（2）绝缘子分布电压自动检测仪。某供电局研制的 GFC-I 型，仅适用于耐张串绝缘子检测。

（3）绝缘子分布电压地面打印检测仪。它分直线和耐张两种，直线型号为旋转自落式 XGC-I 型，耐张型号为推拉式 XGC-III型。

2.1.1.4　个人防护装备

1．屏蔽服

不停电作业用屏蔽服一般分两种类型，其特点是：I 型，屏蔽效率高，载流容量小；II 型，有与 I 型同样的屏蔽效率，但载流容量大。500kV 不停电作业用屏蔽服，主要起屏蔽作用，故选 I 型即可，屏蔽服如图 2-8 所示。

（a）　　　　（b）

图 2-8　屏蔽服

（a）衣服；（b）裤子

2．导电鞋和导电眼镜

导电鞋是用导电胶做底，底面衬以屏蔽布料，再引出根金属线与屏蔽裤的加筋线相连，使屏蔽服对人体形成一个完整的屏蔽面，并实现了有效的接地，导电鞋如图 2-9 所示。导电鞋的电阻值不应大于 500Ω，导电眼镜是在镜片上喷涂一层透明的导电膜。需注意的是眼镜的镜架、镜片必须全部喷镀，使其连成一体，以免出现电位差，造成对脸部或耳部的电击。

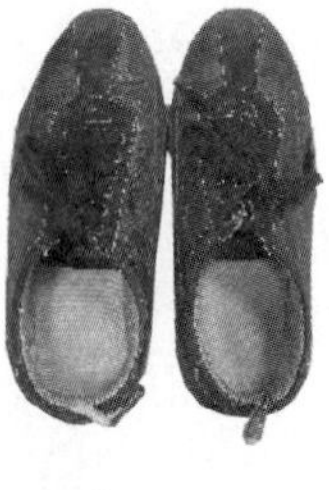

图 2-9　导电鞋

3．静电防护服

静电防护服如图 2-10 所示，静电防护服比屏蔽服防护等级要低，它所用的金属纤维较屏蔽服少，经纬密度稀，屏蔽效率也较低。它主要用于登塔、巡视（变电和线路）人员。

图 2-10　静电防护服

根据保护人身安全要求，推荐采用下列指标的静电防护服：布料，屏蔽效率为 28dB；成衣，整套衣服的电阻为 1000Ω。

2.1.2　配网不停电作业工器具

根据工具的工作性质和内容，配电线路不停电作业工具主要可以分为个人防护用具、遮蔽用具、绝缘工器具。

2.1.2.1　个人防护用具

不停电作业应穿戴绝缘防护用具（绝缘服或绝缘披肩、绝缘袖套、绝缘手套、绝缘鞋、绝缘安全帽等）。带电断、接引线作业应戴护目镜，使用的安全带应有良好的绝缘性能，不停电作业过程中，禁止摘下绝缘防护用具。

个人防护用具是对人体进行安全防护的用具，用于隔离带电体保护人体，使其免遭电击，起到辅助绝缘保护的作用，包括绝缘安全帽、绝缘服、绝缘披肩、绝缘袖套、绝缘手套、绝缘鞋、护目镜等。常用的个人防护用具如下：

1．绝缘安全帽

图 2-11　绝缘安全帽

绝缘安全帽如图 2-11 所示，用于 10kV 线路不停电作业人员头部的绝缘和防冲击防护。

2．绝缘服

绝缘服如图 2-12 所示，用于配电线路不停电作业躯体防护，保护不停电作业人员接触带电导体和电气设备免遭电击。

3．绝缘披肩

绝缘披肩如图 2-13 所示，用于配电线路不停电作业躯体防护，保护不停电作业人员接触带电导体和电气设备免遭电击。

图 2-12　绝缘服

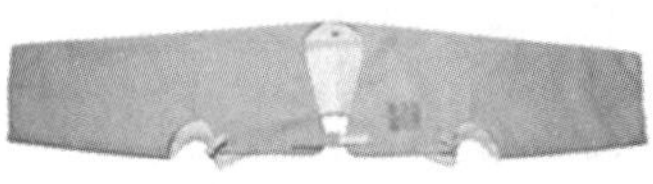

图 2-13　绝缘披肩

4．绝缘手套

绝缘手套如图 2-14 所示，用于配电线路不停电作业手部防护。

5．防护手套

防护手套如图 2-15 所示，用于配电线路不停电作业时对绝缘手套的机械防护。

图 2-14　绝缘手套

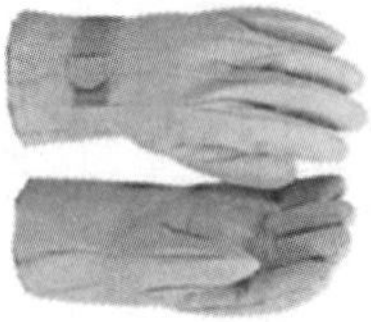

图 2-15　防护手套

6．绝缘鞋（靴）

绝缘鞋（靴）如图 2-16 所示，用于配电线路不停电作业时小腿及足部的绝缘防护。

7．护目镜

护目镜如图 2-17 所示，用于配电线路带电断接引线作业时的眼部防护。

2.1.2.2　遮蔽用具

对作业中可能触及的其他带电体及无法满足安全距离的接地体（导线支承件、金属紧固件、横担、拉线等）应采取绝缘遮蔽措施，作业区域带电体、绝缘子等应采取相间、相对地的绝缘隔离（遮蔽）措施，禁止同时接触两个非连通的带电体或同时接触带电体与接地体。

图 2-16　绝缘鞋（靴）

图 2-17　护目镜

绝缘遮蔽用具是指由绝缘材料制成，用来遮蔽或隔离带电体和邻近的接地部件的硬质或软质用具，包括各种硬质或软质遮蔽罩以及绝缘隔板和绝缘毯等，遮蔽用具不能作为主绝缘，只能用作辅助绝缘，它只适用于不停电作业人员在作业过程中，意外短暂碰撞或接触带电部分或接地元件时，起绝缘遮蔽或隔离的保护作用。常用的遮蔽用具如下：

1．导线遮蔽罩

导线遮蔽罩如图 2-18 所示，主要用于配电线路不停电作业时遮蔽包覆导线等。

2．跌落式熔断器遮蔽罩

跌落式熔断器遮蔽罩如图 2-19 所示，主要用于配电线路不停电作业时遮蔽跌落式熔断器。

图 2-18　导线遮蔽罩

图 2-19　跌落式熔断器遮蔽罩

3．绝缘子遮蔽罩

绝缘子遮蔽罩如图 2-20 所示，主要用于配电线路不停电作业时遮蔽支线绝缘子。

（a）　　（b）

图 2-20　绝缘子遮蔽罩

（a）针式绝缘子遮蔽罩；（b）耐张绝缘子遮蔽罩

4．电杆遮蔽罩

电杆遮蔽罩如图 2-21 所示，主要用于配电线路不停电作业时遮蔽电杆。

（a）　　（b）

图 2-21　电杆遮蔽罩

（a）杆身遮蔽罩；（b）杆顶遮蔽罩

5．横担遮蔽罩

横担遮蔽罩如图 2-22 所示，主要用于配电线路不停电作业时遮蔽线路横担。

6．绝缘毯

绝缘毯如图 2-23 所示，主要用于配电线路不停电作业时对带电体、接地体、绝缘子的绝缘遮蔽。

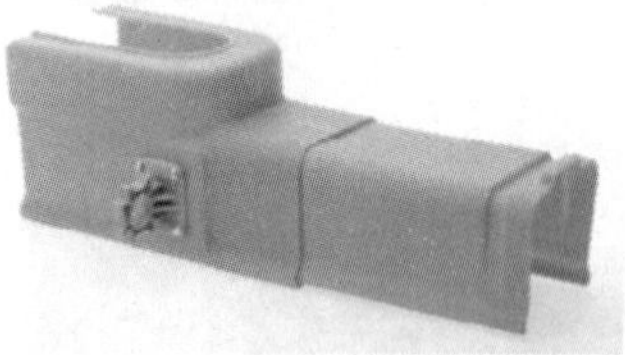

图 2-22　横担遮蔽罩

图 2-23　绝缘毯

7．绝缘毯夹

绝缘毯夹如图 2-24 所示，主要用于配电线路不停电作业时固定绝缘毯。

图 2-24　绝缘毯夹

2.1.2.3　绝缘工器具

绝缘工器具是指用绝缘材料制成的操作工具，包括以绝缘管、棒、板为主绝缘材料，端部装配金属工具的硬质绝缘工具（如绝缘操作杆）和以绝缘绳为主绝缘材料制成的软质绝缘工具，其中硬质绝缘工具由玻璃纤维与环氧树脂复合而成的环氧玻璃钢为原材料制成，使用最广泛的是绝缘杆（适用范围很广，基本上为国产）；在软质绝缘工具中，绝缘绳索是广泛应用于不停电作业的绝缘材料之一，主要由天然纤维材料或合成纤维材料制成，蚕丝防潮绝缘绳应用较为普遍。常用的绝缘工器具如下：

1．绝缘操作杆

绝缘操作杆由绝缘管（棒）和杆头工作部件（根据需要选择不同的杆头附件）两部分组成，它是配电线路不停电作业间接操作中的主要手持绝缘工具（主绝缘），用于短时间对带电设备进行操作，如接通或断开高压隔离开关、跌落式熔断器等。图 2-25 为各类绝缘操作杆头附件。

2．绝缘锁杆

绝缘锁杆如图 2-26 所示，用于配电线路绝缘杆作业法，锁紧导线或引流线，与其他端部装配有不同工具附件的绝缘杆，互相配合进行断、接引流线等不停电作业。

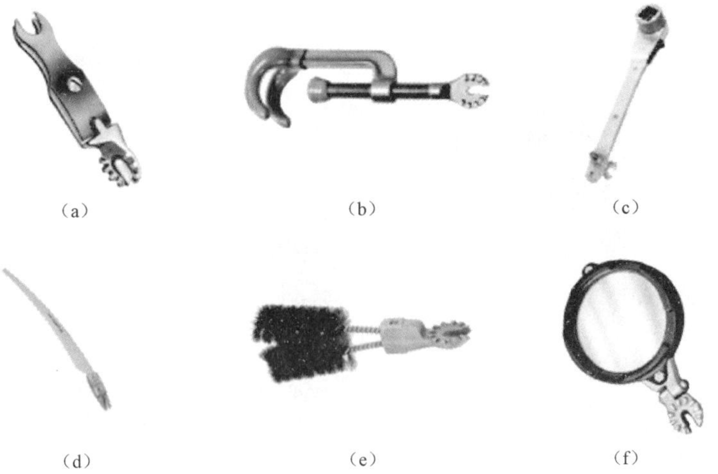

图 2-25　各类绝缘操作杆头附件

（a）拴控制器；（b）熔断器工具；（c）棘轮扳手；（d）修剪锯；（e）导体清洁刷；（f）清影镜

3．绝缘横担

绝缘横担如图 2-27 所示，采用绝缘手套作业法将绝缘横担安装在电杆合适位置，将导线固定在绝缘横担上，可使导线提升至安全距离。

图 2-26　绝缘锁杆

图 2-27　绝缘横担

4．绝缘紧线器

绝缘紧线器如图 2-28 所示，采用绝缘手套作业法，将软质绝缘紧线器一段安装在固定构件上，另一端安装在导线上，操作手柄收紧导线；采用绝缘手套、绝缘杆作业法，将硬质绝缘紧线器安装在导线上，用于收紧导线，便于下一步临时切断导线。

图 2-28　绝缘紧线器

5．绝缘滑车

绝缘滑车如图 2-29 所示，主要固定在电杆上，配合绝缘绳使用，地面作业人员用其将工器具及材料传递至电杆上。

6．绝缘剪线钳

绝缘剪线钳如图 2-30 所示，主要用于配电线绝缘杆作业法带电切断导线、引流线等作业。

7．绝缘绳索

绝缘绳索如图 2-31 所示，主要用于不停电作业时传递工具及材料。

图 2-29　绝缘滑车

图 2-30　绝缘剪线钳

图 2-31　绝缘绳索

2.2　不停电作业工器具的使用与保管

2.2.1　常用不停电作业工器具的使用

使用不停电作业工器具时应掌握以下基本要点：工器具的使用范围，在何种电气装备上使用及限制，以及有关环境或作业方法；工器具使用前的检查，以确保工器具（电气和机械性能）完好；工器具是否在预防性试验周期内。

1．屏蔽服的使用

使用前应用万用表和专用电极（每个电极重1kg，底面接触面积为$1cm^2$）进行测量，测量方法是将被测屏蔽服套在普通布工作服上，各单个间连接好，再将两个电极分别垂直平放在各被测点上，检测手套与短袜及帽子与短袜间的电阻。测点位置应位于接缝边缘及分流连接线30mm处。整套衣服任何两个最远端点间的电阻值均不得大于标准规定值。需要说明的是，使用专用电极检测整套衣服的电阻只有在对整套服装使用安全性有怀疑时才进行。一般只需要进行外观检查，没有破损和断裂即可。

使用时必须注意：各单位之间（指帽、衣、手套、裤、袜或导电鞋）必须连接可靠；冬季应穿在棉衣外面；穿阻燃内衣；屏蔽帽必须正确使用，做到帽檐不上翘以尽可能多地屏蔽裸露的脸部，否则面部场强将急剧增加。

2．绝缘杆件的使用

绝缘杆件使用前必须进行外观检查，外观上不能有裂纹等外部损伤；绝缘杆件必须经试验合格后方可使用，严禁使用不合格的绝缘杆件；绝缘杆件必须适用于所操作设备的电压等级，且核对无误后才能使用；绝缘杆使用时要尽量减少对绝缘杆的弯曲力，以防损坏杆体。使用前需用干燥洁净的软布擦拭绝缘杆表面，减少表面的泄漏电流。

3．绝缘绳的使用

绝缘绳使用前必须进行外观检查，严防有金属丝物夹带缠绕；绝缘绳必须经试验合格后方可使用，严禁使用不合格的绝缘绳；须根据工作荷载选用绝缘绳索种类和直径；须根据环境湿度选择防潮绝缘绳；脏污严重的绝缘绳严禁在不停电作业工作中使用。

4．承力绝缘工器具的使用

承力绝缘工器具使用前必须进行外观检查，外观上不能有裂纹等外部损伤；承力绝缘工具使用前需检查连接件情况，确保牢固可靠；绝缘杆件必须经试验合格后方可使用，严禁使用不合格的绝缘杆件；绝缘杆件必须适用于所操作设备的电压等级，且核对无误后才能使用；绝缘杆使用时要尽量减少对绝缘杆的弯曲力，以防损坏杆体。使用前需用干燥洁净的软布擦拭绝缘杆件表面，减少表面的泄漏电流。

5．检测设备的使用

检测前，应详细阅读检测设备说明书，熟练掌握检测设备的操作方法，保证操作灵活，检测时首先对检测设备进行检查，以保证检测设备的完好性，从而保证测量的准确性。

6．配电用绝缘遮蔽、防护用具的使用

使用前必须进行外观检查，外观上不能有破损、划伤或变质，检查是否在试验周期内，且检验合格，否则不得使用。

2.2.2 不停电作业工器具的保管

不停电作业工器具必须在合格的专用库房内长期保管，库房标准按 DL 974《带电作业用工具库房》执行。

工具库房应配有通风、干燥、除湿设施，库房内应备有温度、湿度自动控制装置，输变电硬质绝缘工具、软质绝缘工具、检测工具、屏蔽用具的存放区，温度宜控制在 5～40℃；配网不停电作业用绝缘遮蔽用具、绝缘防护用具的存放区的温度，宜控制在 10～28℃；库房最高气温不超过 40℃，并具备超限保护及报警功能。烘烤装置与绝缘工具表面保持 50～100cm 距离，烘烤设备宜采用低温热风循环加热设备，烘干加热设备安装高度以距地面 1.5m 以下为宜，库房内的相对湿度不大于 60%RH。

1．屏蔽服的保管

屏蔽服用完后应装入专用箱内，严禁揉折和重压，特别是圆康铜合金丝更应注意，以免折断造成使用时放电，对不停电作业人员带来刺痛感。夏天使用完后，应将其浸泡在 50～100 倍（与屏蔽服重量比）的 50～60℃热水中 15min，以溶解衣服中的汗水。

2．绝缘杆件的保管

绝缘杆件的存放设施应设计成垂直吊放的排列架，每个杆件相距 10～

15cm，每排相距 50cm，绝缘硬梯、托瓶架的存放设施应设计成能水平摆放的多层式构架，每层间隔 25～30cm。最底层离开地面不小于 50cm。绝缘绳索及其滑车组的存放设施应设计成垂直吊挂的构架，每个挂钩放一组滑车组，挂钩间距 20～25cm，绳索下端距地面不小于 50cm。

3．检测工具的保管

验电器、相位检测仪、分布电压测试仪、绝缘子检测仪、干湿温度仪、风速仪、绝缘电阻表等检测用具应分件摆放，防止碰撞，可采用多层水平不锈钢构架存放。

4．绝缘遮蔽用具的保管

绝缘遮蔽用具，如导线遮蔽罩、绝缘子遮蔽罩、横担遮蔽罩、电杆遮蔽罩等应贮存在有足够强度的袋内或箱内，再置放在多层式水平构架上。禁止贮存在蒸汽管、散热管和其他人造热源附近，禁止贮存在阳光直射的环境下。

5．绝缘防护用具的保管

绝缘防护用具，如绝缘服、绝缘袖套、绝缘披肩、绝缘手套、绝缘靴等应分件包装，要注意防止阳光直射或存放在人造热源附近，尤其要避免直接碰触尖锐物体，造成刺破或划伤。

6．屏蔽用具的保管

屏蔽用具如屏蔽服、导电手套、导电袜、导电鞋、屏蔽面罩等应分件包装，成套贮存在有足够强度的包装袋或箱内，再置放在多层式水平构架上。

2.3　不停电作业工器具的试验

不停电作业工器具的试验是检验工具是否合格的唯一可靠手段，即使是经过周密设计的工具，也必须通过试验才能做出合格与否的结论。这是因为工器具在制作、运输和保管储存等各个环节中，都可能引起或留下意想不到的缺陷，这些缺陷大多数只能通过试验才会暴露出来。

各电压等级的绝缘工器具试验项目和标准见表 2-1。

表 2-1 各电压等级的绝缘工器具试验项目和标准

额定电压（kV）	试验长度（m）	1min 工频耐压（kV）		3min 工频耐压（kV）		15 次操作冲击耐压（kV）（正极性）	
		出厂及型式试验	预防性试验	出厂及型式试验	预防性试验	出厂及型式试验	预防性试验
10	0.4	100	45	—	—	—	—
35	0.6	150	95	—	—	—	—
63（66）	0.7	175	75	—	—	—	—
110	1.0	250	220	—	—	—	—
220	1.8	450	440	—	—	—	—
330	2.8	—	—	420	380	900	800
500	3.7	—	—	640	580	1175	1050
750	4.7	—	—	—	780	—	1300
1000	6.3	—	—	1270	1150	1865	1695
±500	3.2	—	—	—	565	—	970
±660	—	—	—	820	745	1480	1345
±800	6.6	—	—	985	895	1685	1530
运行中检查性试验	0.3	交流耐压 75kV/1min					

不停电作业工器具预防性试验不得分段进行，必须按有效绝缘长度整根进行。检查性试验可以分段进行。除保证电气强度外，还应有足够的机械强度，才能保证不停电作业时安全可靠，DL/T 878《带电作业绝缘工具试验导则》中对作业工具的预防性机械试验有如下规定：

（1）静荷重试验。1.2 倍允许工作负荷下持续 5min，工具无变形及损坏者为合格。

（2）动荷重试验。1.0 倍允许工作负荷实际操作 3 次，工具灵活、轻便、无卡住现象者为合格。

不停电作业工器具应定期进行电气试验及机械预防性试验，试验周期如下：

（1）电气试验。预防性试验每年 1 次，检查性试验每年 1 次，两次试验间隔为半年。

（2）机械预防性试验。绝缘工具每年 1 次，金属工具每 2 年 1 次。

不停电作业工器具的相关试验如下：

1．绝缘绳索电气性能试验

常规型绝缘绳电气性能指标见表 2-2，防潮型绝缘绳电气性能指标见表 2-3。

表 2-2　　　　常规型绝缘绳电气性能指标

序号	试验项目	标准	试品有效长度（m）	布置方式
1	高湿度下交流泄漏电流（相对湿度 90%RH，温度 20℃，24h）	100kV 时不大于 300μA	0.5	垂直布置
2	工频干闪电压	不小于 170kV	0.5	垂直布置

表 2-3　　　　防潮型绝缘绳电气性能指标

序号	试验项目	标准	试品有效长度（m）	布置方式
1	工频干闪电压	不小于 170kV	0.5	垂直布置
2	持续高湿度下工频泄漏电流（相对湿度 90%RH，温度 20℃，168h 施加工频电压 100kV）	不大于 100μA	0.5	垂直布置
3	浸水后工频泄漏电流（水电阻率 100Ω·m，浸泡 15min，抖落表面附着水珠，加压 100kV）	不大于 500μA	0.5	垂直布置
4	淋雨工频闪络电压（雨量 1～1.5mm/min，水阻率 100Ω·m）	不小于 60kV	0.5	垂直布置
5	50%断裂负荷拉伸后，高湿度下工频泄漏电流（相对湿度 90%RH，温度 20℃，168h 加压 100kV）	不大于 100μA	0.5	垂直布置
6	经漂洗后，高湿度下工频泄漏电流（相对湿度 90%RH，温度 20℃，168h 加压 100kV）	不大于 100μA	0.5	垂直布置
7	经磨损后，高湿度下工频泄漏电流（相对湿度 90%RH，温度 20℃，168h 加压 100kV）	不大于 100μA	0.5	垂直布置

2．绝缘杆的机械试验

绝缘操作杆需做拉伸试验、弯曲试验和扭曲试验。支杆需做压缩试验，拉吊杆需做拉伸试验，绝缘杆机械性能应满足表 2-4 中的要求。

表 2-4　　绝缘杆机械性能指标

试品	D	拉伸试验荷载（kN）	压缩试验荷载（kN）	弯曲试验荷载（N·m）	扭曲试验荷载（N·m）
操作杆	28mm 以下 28mm 以上	1.50 1.50	—	225 275	75 75
支杆	1kN 级 3kN 级 5kN 级	—	2.50 7.50 12.5	—	—
拉吊杆	10kN 级 30kN 级 50kN 级	25.0 75.0 125	—	—	—

3．配网不停电作业遮蔽和防护用具的试验

（1）试验标准。配网不停电作业遮蔽和防护用具是指在 20kV 及以下的配电线路和电气设备上进行不停电作业时用于遮蔽带电体和接地体，以及防护作业人员免受电击的用具。与常规作业工具不同，不停电作业用具柔软而薄，其绝缘强度相应有所降低，单个用具达不到耐受过电压最大值的水平，只能作为辅助绝缘。如要承担主绝缘，则须用多层遮蔽、防护用具共同承担，因此其试验电压也相应降低。配网不停电作业遮蔽和防护用具的试验标准主要依据各个用具的专项国家标准和电力行业标准，如 DL/T976《带电作业工具、装置和设备预防性试验规程》。

遮蔽用具、防护用具试验项目和标准见表 2-5。

表 2-5　　遮蔽用具、防护用具试验项目和标准

级别	额定电压（V）	交流耐受电压，有效值（V）	
		1min 工频耐压 预防性试验	3min 工频耐压 出厂及型式试验
0	380	5000	5000
1	3000	10000	10000
2	6000、10000	20000	20000
3	20000	30000	30000

（2）遮蔽罩。所有不停电作业用遮蔽罩均应有防潮功能，因此在型式试验中都须经过受潮耐压试验，将试样放入人工气候室中进行预处理：温度 23℃，

相对湿度 93%RH，时间 168h。然后将试样从人工气候室中取出，在两电极间施加工频试验电压，电压持续时间为 1min，并记录试验中的最大泄漏电流。

（3）绝缘毯。所有不停电作业用绝缘毯均应具有防潮、防水功能。根据 DL/T 803—2002《带电作业用绝缘毯》标准 7.4 电气试验中规定，所有绝缘毯在型式试验、抽样试验中都须进行浸水防潮试验。将绝缘毯浸在水中（16±0.5）h 后取出，擦干表面立即进行工频耐压试验。

（4）绝缘袖套、绝缘服。所有不停电作业用绝缘袖套均应具有防潮、防水功能。根据 DL 778《带电作业用绝缘袖套》标准 6.4 电气试验中规定，所有绝缘袖套在型式试验、抽样试验中都须进行浸水防潮试验。将绝缘袖套浸在水中（16±0.5）h 后取出，擦干表面立即进行工频耐压试验。绝缘服参照绝缘袖套标准执行。

（5）配网不停电作业遮蔽和防护用具的试验周期。所有配网不停电作业遮蔽和防护用具的试验周期均为 6 个月，不分预防性试验和检查性试验。由于遮蔽和防护用具样式各异、品种众多，要求较高，所以试验须到有试验资质的单位进行。

2.4　配网不停电作业车辆的分类

常见的配网不停电作业车辆如下：

1．绝缘斗臂车

主要用于配电架空线路不停电作业。

机械性能：额定载荷 1.5 倍静载荷试验合格；承载 1.25 倍水平面额定载荷的动载稳定试验合格。

整体性能：满足作业高度 10～25m；满足作业幅度 4.5～14.5m；满足绝缘斗承载 200～360kg，单人单斗承载不小于 135kg；满足小吊额定荷载 400～907kg。

2．旁路作业车

主要用于 10kV 配网不停电作业中的旁路作业设备装载、运输、展放及存储。

承载设备：定置装载 10kV 旁路柔性电缆，电缆收放装置应定置装载不少于 18 盘（截面积 50mm^2、单条长度不大于 50m）旁路柔性电缆；设备装载用于定置存放（除旁路柔性电缆之外的）旁路负荷开关、转接电缆、电缆连接器等全部旁路作业设备部件。

操作方式：电动或液压机构驱动收、放旁路柔性电缆的功能；手动收、放旁路柔性电缆的功能；现场快速拆解电缆卷盘的功能。

综合性能：夜间作业现场照明功能、车辆存放辅助支撑装置、整车接地装置。

3．电源车（发电车）

主要为 10kV/0.4kV 配电系统提供应急电源。

承载设备：车载设备主要包括发电机组、保护系统、供油系统、输出电缆等；辅助系统包括电气、照明、接地、液压、安全保护等系统；配备电缆卷盘。

电源车（发电车）的通过性应不低于原车的性能指标；应有可靠的制动装置，其制动性能分别符合原车和指定索引车的有关规定。发电机组在规定条件下应能正常启动，输出规定功率并可靠工作，连续运行时间不低于 12h。发电机组空载电压整定范围应不小于 95%～105%的额定电压。发电机组应有绝缘监视装置、接地装置，有过载、短路、逆功率保护等完善的保护措施，发电机组的平均故障间隔时间不低于 250h。

4．移动箱式变压器车

主要用于快速搭建 10kV/0.4kV 高低压临时供电系统，不停电更换 10kV 变压器。

承载设备：车载设备主要包括变压器、负荷开关、旁路柔性电缆、低压配电屏；辅助系统主要包括电气、照明、接地、液压、安全保护等系统；配备柔性电缆、低压电缆卷盘。

运行负荷：高压采用快速接口；配电变压器容量为 250～630kVA。

综合性能：具备相位检测功能；高压环网功能；夜间作业现场照明功能；车辆存放辅助支撑装置；整车接地装置。移动箱式变压器车应采用分舱设计，设有驾乘区、高低压设备区、旁路柔性电缆输放区和操作区。

5．工器具库房车

主要用于运输、存储配网不停电作业工器具。

工具库房车主要由车辆平台、工具仓、辅助系统等组成。车辆平台包括车辆底盘、厢体（车厢）结构等；工具仓包括车载除湿机、加热器、车载空调、车载发电机等；辅助系统包括供电系统、独立空调、安全保护、警示、防护、照明系统等。

工具库房车应具有温湿度调节、车内照明、通风、烟雾报警、应急发电功能。

工具库房车工具仓储存温度应控制在 10～28℃，湿度不大于 60%。运输工具时和在工作现场使用时应保证仓内外温差不大于 5℃。

工具库房车的工具舱尺寸应满足的要求：基本型，长度不小于 1600mm，宽度不小于 1850mm，高度不小于 1750mm；扩展型，长度不小于 2400mm，宽度不小于 1850mm，高度不小于 1750mm。

6．无支腿绝缘斗臂车

主要用于配电架空线路不停电作业。

机械性能：额定载荷 159kg。整体性能：满足作业高度 10～25m；满足作业幅度 4.5～14.5m；最大载荷 181kg。

7．移动环网柜车

主要用于配网不停电作业线路作业。

综合性能：旁路移动式环网柜车主要由底盘车、高压环网柜控制系统、旁路高压电缆、快速插拔式可分离连接器、密封车厢、接地网、电气系统、随车工具及配件组成；采用全开放式车厢结构，货架采用模块化框架结构，充分利用各处空间；车厢设置可调照明系统，车外安装车顶云台灯，便于工器具存取与施工现场照明；装有隐藏式折叠收放登梯，使用方便，节省空间；该车环网柜及接头电缆承载装置能整体移出，做到一车多用，提高设备利用率；该车能装载五单元、六单元等多个单元环网柜。

以上七种配网不停电作业车辆中绝缘斗臂车最为常用。

2.5 绝缘斗臂车的检查及使用

2.5.1 绝缘斗臂车的检查

1．作业前检查

（1）绝缘斗臂车在作业前应进行目测检查，查看车辆有无漏油，车体以及绝缘斗有无破损的现象。

（2）启动发动机，查看操作支腿是否伸展正常。

（3）检查液压油的油量及质量。

（4）检查并确认限位安全装置正确动作。

（5）检查绝缘斗的平衡度，确认绝缘斗在水平状态。

2．日常检查

（1）外观检查：肉眼检查绝缘部件的表面损伤情况，如是否有裂缝、绝缘剥落、深度划痕等。

（2）功能检查：斗臂车启动后，应空斗运行一次，确认工作臂运转可靠、工作斗升降平稳。

3．定期检查

定期检查的周期应根据生产厂家的建议、运行情况、工作环境等因素综合考虑，最长不超过12个月进行一次定期检查，定期检查必须由专业人员完成。

2.5.2 绝缘斗臂车的使用

1．启动发动机

（1）检查车辆已挂好手刹，垫好轮胎防滑三角块。

（2）确认变速器杆处于停止（P）位置，取力器开关扳至“关”的位置。汽车变速器杆必须处于停止位置。

（3）将离合器踏板踩到底，启动发动机。

（4）踩住离合器踏板，将取力器开关扳至“开”的位置。此时计时器开始启动，计时器指示出车辆液压系统的累计使用时间。

（5）缓慢地松开离合器踏板。

（6）通过上述操作，产生油压。冬季温度较低时，需要在此状态下进行 5min 左右的预热运转。

（7）油门高低速的操作：将油门切换至油门高速，提高发动机转速，以便快速地支撑好支腿，提高工作效率。工作臂操作时，为了防止液压油温过高，油门应调整为中速或怠速状态。在作业中不要用驾驶室内的油门踏板、手油门来提高发动机的转速，这样会使液压油温度急剧上升，容易造成故障。

2．支腿的伸缩操作

（1）水平支腿操作：在 4 个支腿操作转换杆中，选出欲操作的水平支腿转换杆，切换至“水平”位置；“伸缩”操作杆扳至“伸出”位置时，水平支腿就会伸出并在支腿的位置放置支腿垫板。设有支腿张幅传感器的绝缘斗臂车，根据不同的张开幅度，斗臂的作业范围可在人员的控制下进行相应的调整，先确认水平支腿伸出方向没有人和障碍物后，再进行伸出操作。没有设置支腿张幅传感器的斗臂车，水平支腿一定要伸出到最大跨距，否则有倾翻的危险。

（2）垂直支腿操作：将 4 个支腿操作转换杆切换到“垂直”位置，“伸缩”操作杆扳至“伸出”位置，垂直支腿就会伸出，先确认支腿和支腿垫板之间没有异物后，再放下支腿。放下垂直支腿后应确认所有车轮全部离开地面，水平支腿张开幅度最大和垂直支腿着地的指示灯亮，用手摇动各支腿确认已可靠着地。车架基本处于水平状态，设有水平仪的车辆可根据水平仪进行调整。

（3）收回操作方法要将各支腿收回到原始状态，请按照“垂直支腿→水平支腿”的顺序，进行收回操作，收回后确认各操作杆返回到中间位置。

3．安装接地棒

将车辆底盘通过接地线与接地棒连接接地。

4．绝缘斗上的操作

（1）下臂的升降操作。折叠臂式绝缘斗臂车将下臂操作杆扳至“升”，使下臂液压缸伸出，下臂升；将下臂操作杆扳至“降”，使下臂液压缸缩进，下臂降。直伸臂式绝缘斗臂车则选择“升降”操作杆，扳至“升”，升降液压缸伸出，工作臂升起；扳至“降”，使下臂液压缸缩回，工作臂下降。

（2）回转操作。将回转操作杆按标示的箭头方向扳，使转台右回转或左回转，回转角度不受限制，可做360°全回转。在进行回转操作前，要先确认转台和工具箱之间无人、无可能被夹的其他障碍物。

（3）上臂伸缩操作。折叠臂式绝缘斗臂车将上臂操作杆扳至“升”，使上臂液压缸伸出，伸缩臂升；将上臂操作杆扳至“降”，使上臂液压缸缩回，伸缩臂缩。直伸臂式绝缘斗臂车，选择“伸缩”操作杆扳至“伸”，伸缩液压缸伸出，工作臂伸长；扳至“缩”，伸缩液压缸缩回，工作臂缩短。

（4）绝缘斗摆动操作。将绝缘斗摆动操作杆按标示的箭头方向扳动，使绝缘斗右摆动或左摆动。

（5）紧急停止操作。为避免绝缘斗内的作业人员出现危险情况需紧急停止工作时，如绝缘斗、工作臂的动作或操作控制出现失控等情况，应操作紧急停止操作杆，在发动机不停止运转的情况下立即停止上部的动作。

5．转台处的操作

在转台处进行的工作臂操作、回转操作等与在绝缘斗内的操作一致。紧急停止操作一般是地面人员判断、若继续由上部进行操作会出现危险情况而进行的应急操作。

6．应急泵的操作

绝缘斗臂车因发动机或液压泵出现故障、正常操作无法进行时，可启动应急泵操作，使绝缘斗上的作业人员安全下降到地面。操作前需确认取力器和发动机钥匙开关拨至“接通”位置，应急泵一次动作时间在30s内，到下一次启动，必须要等待30s的间隔才可继续进行。

7．使用绝缘斗臂车的注意事项

（1）绝缘斗臂车的操作员必须经过专业的技术培训，并且由接受作业任务的操作员来进行操作。

（2）在天气恶劣等情况导致绝缘斗等部件潮湿时，应停止使用绝缘斗臂车。恶劣天气的标准为：10min 内的平均风速大于 10m/s；一次降雨量大于 50mm；一次积雪量大于 25mm。

（3）夜间作业时，应确保作业现场的照明满足工作需要，操作装置部分更要明亮些，以防止误操作。

（4）停车后，应垫好车轮的三角垫块以防止车辆滑行。在有坡度的地面停放时，坡度不应大于 7°且车头应向下坡方向。

（5）在进行作业时，必须伸出水平支腿以便可靠地支撑车体，并逐一检查支腿着地情况，水平支腿未伸出支撑时，不得进行旋转动作。在固定垂直支腿时，不要使垂直支腿支撑在路边沟槽上或软基地带。

（6）绝缘斗内工作人员要佩戴安全带，将安全带的钩子挂在安全绳索的挂钩上。不要将可能损伤绝缘斗的器材、高于绝缘斗的金属物品堆放在绝缘斗内，任何人不得进入工作臂及其重物的下方。

（7）操作绝缘斗要缓慢动作，假如急剧操纵操作杆，动作过猛有可能使绝缘斗碰撞较近的物体，造成绝缘斗损坏和人员受伤。在进行反向操作时，要先将操作杆返回到中间位置，使动作停止后再扳到反向位置。

（8）作业人员不得将身体越出绝缘斗之外，不要站在栏杆或踏板上进行作业。作业人员要站在绝缘斗底面以稳定的姿态进行作业，不要在绝缘斗内使用扶梯、踏板等进行作业，不要从绝缘斗上跨越到其他建筑物上，不要使用工作臂及绝缘斗推拉物体，不要在工作臂及绝缘斗上装吊钩、缆绳等起吊物品，绝缘斗不得超载。

2.6　绝缘斗臂车的保管及试验

2.6.1　绝缘斗臂车的保管

1．车辆的存放

（1）绝缘斗臂车必须有专用车库，库房内应设有防潮、防尘及通风等设施。

（2）经常清洗或清扫各部位，不可用高压水冲洗，冬季要防止冻结。

（3）车辆长时间停放时为了保护底盘的悬簧，必须撑起垂直支腿。

（4）车辆在长期存放中，液压缸的活塞杆上要涂上防锈油，车辆应每 1 个月发动一次，以防止润滑部分出现油膜断开的现象。

2．液压油的使用及更换

（1）在新车使用 100h 或 1 个月（计数器读数）后，进行第一次液压油的更换，以后每 1200h 或 12 个月更换一次液压油。

（2）每次更换液压油时，都要清洗油箱，清洗或更换回油过滤器及吸油过滤器的滤芯。

3．车辆润滑保养

（1）每 30h 或每周一次对以下部件进行润滑：起吊部、摆动部、绝缘斗回转轴、平衡液压缸、升降液压缸、工作臂轴、回转臂轴。

（2）每 100h 或 1 个月对中心回转体进行润滑，每 800h 或 6 个月对转动轴进行润滑。

（3）每 1200h 或 12 个月更换一次油脂（第一次更换的时间为 100h 或 1 个月）。包括小吊减速机齿轮油、同轴减速器齿轮油。

4．绝缘部件的保养

（1）绝缘斗臂车在行进过程中绝缘斗必须回到行驶位置，带吊臂的绝缘斗臂车，吊臂应卸掉或缩回。上臂应折起来，下臂应降下来，上、下臂均应回位到各自独立的支撑架上，伸缩臂必须完全收回。上、下臂必须固定牢靠，以防止在运输过程中由于晃动并受到撞击而损坏。

（2）绝缘斗臂车在行进过程中，高架装置也处于位移之中，两臂的液压操作系统必须切断，以防止绝缘斗的液压平衡装置来回摆动。

（3）绝缘斗臂车在运输和库存过程中必须采用防潮保护罩进行防护，以免长期暴露在污染环境中，降低其绝缘耐受水平。

2.6.2 绝缘斗臂车的试验

绝缘斗臂车的测试项目包括绝缘斗耐压及泄漏电流试验、绝缘臂的耐压及泄漏电流试验、整车耐压及泄漏电流试验、绝缘液压油击穿强度试验、绝缘胶皮管试验、斗臂车绝缘体材料性能试验。

1．绝缘斗耐压及泄漏电流试验

绝缘斗（包括具有内、外绝缘斗的内衬斗、外层斗的交流耐压试验一般根据用户的需要确定）成品交流耐压以及泄漏电流试验，一般采用连续升压法升压，试验电极一般采用宽为 12.7mm 的导电胶带设置，绝缘斗臂车交流耐压试验参数见表 2-6。

对绝缘斗内外加水进行工频耐压试验，试验过程中，无火花、飞弧或击穿，无明显发热（温升小于 10℃）为合格。

表 2-6　　绝缘斗臂车交流耐压试验

额定电压（kV）	海拔 H（m）	试验项目	试验长度（m）	预防性试验		
				试验电压（kV）	试验时间（min）	试验周期
10	$H \leqslant 3000$	绝缘臂	0.4	45	1	12 个月
		整车	1.0	45	1	12 个月
		绝缘内斗层向	—	45	1	12 个月
		绝缘外斗沿面	0.4	45	1	12 个月
	$3000 < H \leqslant 4500$	绝缘臂	0.6	45	1	12 个月
		整车	1.2	45	1	12 个月
		绝缘内斗层向	—	45	1	12 个月
		绝缘外斗沿面	0.4	45	1	12 个月
20	$H \leqslant 1000$	绝缘臂	0.5	80	1	12 个月
		整车	1.2	80	1	12 个月
		绝缘内斗层向	—	45	1	12 个月
		绝缘外斗沿面	0.4	45	1	12 个月

2．绝缘臂耐压及泄漏电流试验

（1）悬臂内绝缘拉杆、绝缘斗内小吊臂耐压检测与绝缘臂的耐压检测相同，一般采用连续升压法升压，试验电极一般采用宽为 12.7mm 的导电胶带设置，绝缘斗臂车交流泄漏电流试验参数见表 2-7。

（2）绝缘臂、悬臂内绝缘拉杆、绝缘斗内小吊臂工频耐压试验方法基本一致，对一定长度的绝缘臂进行耐压试验，试验过程中，无火花、飞弧或击穿，无明显发热（温升小于10℃）为合格。基臂上具有绝缘段的绝缘斗臂车，也需对基臂的绝缘段进行工频耐压试验，试验电压为50kV，持续加压时间1min。

（3）为掌握绝缘斗臂车实际作业条件下的泄漏值，确保不停电作业安全，应对绝缘臂成品进行交流泄漏（全电流）试验。

表2-7　绝缘斗臂车交流泄漏电流试验参数

额定电压（kV）	海拔 H（m）	试验项目	试验长度（m）	预防性试验		
				试验电压（kV）	泄漏电流（μA）	试验周期
10	H≤3000	绝缘臂	0.4	—	—	12个月
		整车	1.0	20	≤500	12个月
		绝缘外斗沿面	0.4	20	≤200	12个月
	3000＜H≤4500	绝缘臂	0.6	—	—	12个月
		整车	1.2	20	≤500	12个月
		绝缘外斗沿面	0.4	20	≤200	12个月
20	H≤1000	绝缘臂	0.5	—	—	12个月
		整车	1.2	40	≤500	12个月
		绝缘外斗沿面	0.4	20	≤200	12个月

3．绝缘液压油击穿强度试验

用于承受不停电作业电压的液压油，应进行击穿强度试验，更换、添加的液压油也必须试验合格。绝缘液压油的击穿强度试验应连续进行3次，油杯间隙为2.5mm，升压速度为2kV/s（匀速）。每次击穿后，用准备好的玻璃棒在电极间拨弄数次或用其他方式搅动，除掉因击穿而产生的游离碳，并静置1～5min（气泡消失）。在试验中，每次单独击穿电压不小于10kV，6次试验的平均击穿电压不小于20kV为合格。

4．绝缘胶皮管型式试验

斗臂车使用的绝缘胶皮管型式试验包括机械疲劳试验、液压试验、漏油试验、长度改变试验、冷弯试验、电气性能试验、受损后试验。

5．斗臂车绝缘体材料性能试验

斗臂车绝缘体材料性能试验为型式试验和出厂检验进行。

（1）绝缘臂、绝缘斗用绝缘材料物理化学性能试验。包括密度、吸水率、马丁氏耐热性、可燃性、气候环境试验。

（2）绝缘臂、绝缘斗用绝缘材料电气、物理性能试验。包括体积电阻率、表面电阻率、介质损耗因数、相对介电常数、介电强度、压缩试验、弯曲试验、冲击强度试验。

第3章　生产现场安全及标准化作业流程

3.1　生产现场的安全设施

3.1.1　安全标识

安全标识包括警告、禁止、指令和指示（提示）标识。

（1）警告标识：促使人们提高对可能发生危险的警惕性的图形标识，上方是黄底黑色正三角警告标识，下方是白底黑字矩形补充标识。

（2）禁止标识：禁止或制止人们想要做的某种动作的图形标识，标识上方是白底红色圆形带斜杠，黑色禁止标识，下方是红底黑字矩形补充标识。

（3）指令标识：强制人员必须做出某种动作或采用防范措施的图形标识，上方是蓝底黑色圆形标识，中有白色图形，下方蓝底白字矩形补充标识。

（4）指示（提示）标识：向人们提供某种安全设施或场所信息的图形标识，为绿色正方形底牌，中有直径20cm的白色圆形、黑色提示字样。

安全标识牌的基本要求为：携带式的标识牌应采用非金属材质，非携带式的标识牌可采用铝合金、不锈钢、搪瓷等材质；标识牌外形应完整，表面清洁，图案、字体清晰；锥形交通标，锥体上有反光膜或涂有反光漆。

不停电作业相关标识牌式样见表3-1。

表 3-1　　不停电作业相关标识牌式样

名称	悬挂处	式样		
		尺寸（mm）	颜色	字样
禁止分闸！	旁路开关操作把手上	200×160、80×65	白底，红色圆形斜杠，黑色禁止标识符号	红底白字
在此工作！	工作地点或检修设备上	250×250、80×80	衬底为绿色，中有直径 200mm 和 65mm 白圆圈	黑字，写于白圆圈中
止步，高压危险！	施工地点邻近带电设备的遮栏上；室外工作地点的围栏上；禁止通行的过道上等	300×240、200×160	白底，黑色正三角形及标识符号，衬底为黄色	黑字
从此进出！	室外工作地点围栏的出入口处	250×250	衬底为绿色，中有直径 200mm 白圆圈	黑体黑字，写于白圆圈中

3.1.2　安全防护措施

安全围栏包括围栏、围网、提示遮栏等。其中围栏可分为可伸缩型和非伸缩型；提示遮栏由立杆和提示绳（带）组成。

基本要求如下：

（1）围栏、围网、提示遮栏高均为 120cm。

（2）围栏、围网、提示遮栏应红白相间，颜色应醒目。

（3）围栏、围网、提示遮栏立柱应有反光膜或涂有反光漆。

安全围栏的使用范围如下：

1. 围栏、围网

（1）城区、人口密集区地段或交通道口和通行道路上检修施工作业，明确工作地点，与非作业区域明显隔离。

（2）高处作业时，工作地点下面可能坠落范围半径，见表 3-2，应防止落物伤人。

表 3-2　　不同高度的可能坠落范围半径　　m

作业位置至其底部的垂直距离	2～5	5～15	15～30	大于 30
其可能坠落的范围半径	3	4	5	3

（3）电缆、高压配电设备做耐压试验，防止非工作人员入内。

2．提示遮栏

提示遮栏适用农村、非人口密集区地段作业区域的划分与提示，如上述区域电缆沟道以及线路施工作业区等的围护。

3.1.3 作业现场围栏和标识牌设置规范

（1）安全围栏、标识牌的设置必须完整、可靠、醒目。在安全围栏的适当地点悬挂标识牌。

（2）安全围栏设置大小应依据作业性质、作业人员活动区域、高空坠落范围半径等因素综合考虑。

（3）安全围栏只能预留一个出入口，设在临近道路旁边或方便进出的地方，出入口应尽量远离作业点，其大小可根据工作现场的具体情况而定，一般以 3m 为宜。在出入口处悬挂“在此工作！”“从此进出！”标识牌。

（4）禁止越过遮栏（围栏）。禁止作业人员擅自移动或拆除遮栏（围栏）、标识牌。因工作原因需短时移动或拆除遮栏（围栏）、标识牌时，应有人监护。完毕后应立即恢复。必要时，派人看管。

（5）作业占用人行道、非机动车道及机动车道时，应在作业现场四周装设安全围栏，在安全围栏距来车方向一定距离设置“前方施工”“车辆慢行”或“道路封闭”安全警示标识，并在围栏外围设置适量锥形交通标。设置的围栏、标识牌应符合公安机关交通管理部门规定，必要时请交通管理部门配合。若长时间工作间断应根据现场实际变更安全围栏、标识牌设置和开放封闭通道。

（6）占用公路的施工作业，白天应当在距来车方向不少于 50m 的地段设置道路施工安全警示标识；夜间在距来车方向不少于 100m 处设置反光标识。

3.1.4 作业现场围栏和标识牌设置示例

如图 3-1 所示为线路作业区域部分占用道路时的作业现场围栏和标识牌设置。

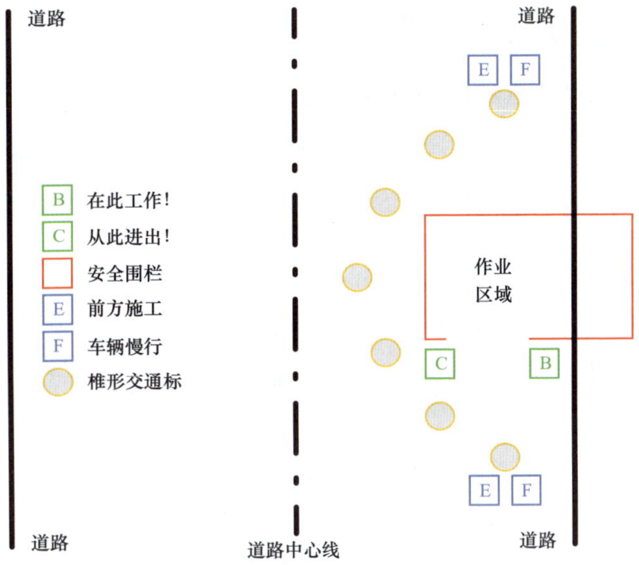

图 3-1　线路作业区域部分占用道路时的作业现场围栏和标识牌设置

3.2　生产现场的安全防护

3.2.1　电流的防护

3.2.1.1　人体触电方式

当人体与电路形成回路时，就会造成触电。按照人体触及带电体的方式和电流流过人体的途径，不停电作业过程中人体触电一般有以下几种情况：单相触电、两相触电、接触电压和跨步电压触电，其中单相触电的概率最大。而人体触电时的触电电流大小与电网系统中性点接地方式有关，在我国电网中，中性点接地方式如下：

（1）中性点不接地。即中性点对地绝缘，发生单相接地故障时，其接地电流很小，一般不大于 30A。

（2）中性点经消弧线圈接地。即在中性点和大地之间接入一个电感消弧线圈，发生单相接地故障时接地电流一般小于 10A。

（3）中性点直接接地。即中性点直接接入大地，当发生单相接地故障时，接地电流很大，甚至可达 1000A。

上述（1）、（2）种方式属于中性点非有效接地，发生单相接地故障时，不会破坏系统的对称性，电网可带故障持续运行一段时间；第（3）种方式为中性点有效接地，该系统运行中若发生一相接地时，就形成单相短路，其接地电流很大，使断路器跳闸切除故障。

1．单相触电

（1）中性点不接地系统。在中性点不接地系统中，不能认为发生单相触电时人体与电路不构成明显回路，此时单相触电等值电路如图 3-2 所示。

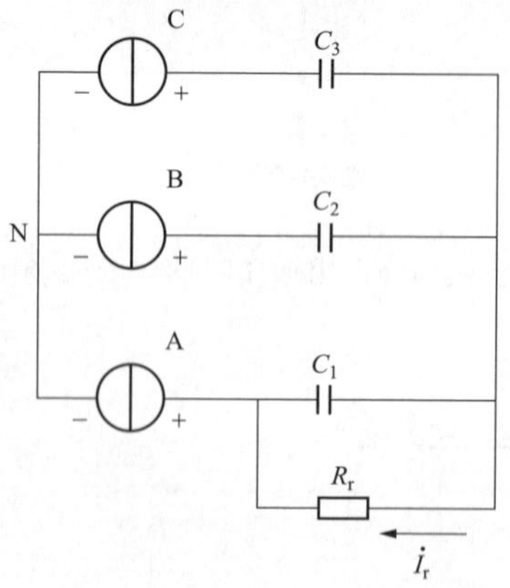

图 3-2　中性点不接地系统发生单相触电等值电路图

A 相通过空气对地电容与人体并联，人体流过的触电电流有效值为

$$I_r=\frac{3U_{ph}}{\sqrt{Z_C^2+9R_r^2}}$$

式中：U_{ph} 为电源相电压；R_r 为人体等效电阻；Z_C 为 A 相对地容抗，$Z_C=\frac{1}{\omega C_0 l}$；$C_0$ 为线路对地分布电容；l 为线路长度。因此，当电源相电压与人体电阻一定时，人体触电电流与线路对地容抗有关，线路越长，容抗越小，触电电流越大。

（2）中性点经消弧线圈接地系统。中性点经消弧线圈接地系统中经人体发生单相触电时，其等值电路如图 3-3 所示。

当人体在 A 相发生触电事故时，中性点对地电压上升为相电压，非故障相对地电压上升为线电压，这与中性点不接地系统相似。此时，消弧线圈处于中性点电压的作用下，有感性电流通过，与接地电容电流方向相反，在接地点处相互抵消。如果消弧线圈采用全补偿方式，感性电流将与容性电流完全抵消，即通过人体的电流为 0。但是此方式下电网系统会处于谐振状态，产生过电压，危及绝缘，因此一般不采用全补偿方式。在中性点经消弧线圈接地系统中通常采用过补偿方式，感性电流大于容性电流，尽管过补偿后接地点电流不能超过 10A，但是该电流远远大于人体所能承受的电流。

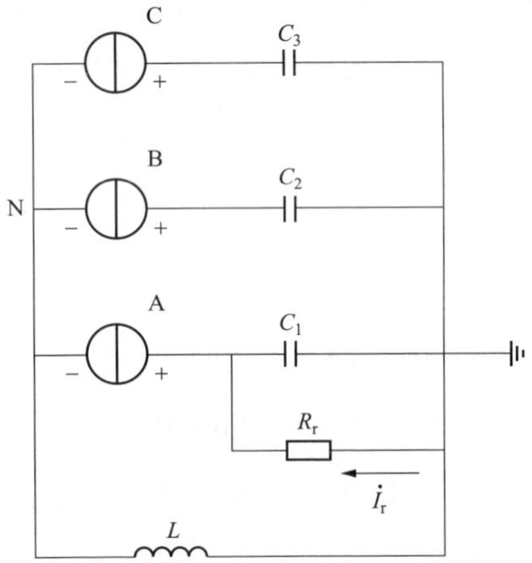

图 3-3　中性点经消弧线圈接地系统发生单相触电等值电路图

（3）中性点直接接地系统。在中性点直接接地系统中，发生单相触电时，人体所承受的电压即为相电压，流过人体的电流 $I_r=\dfrac{U_{ph}}{R_r}$。

2．两相触电

当发生两相触电时，人体所承受的电压为线电压，与中性点接地方式、人体与大地之间的绝缘等无关，此时流过人体的电流 $I_r=\dfrac{U_N}{R_r}$，U_N 为线电压。

3.2.1.2　人体受电流的影响

电流对人体的伤害，主要是电击和电伤。电击是电流对人体内组织的伤害，而电伤主要是灼伤、电烙伤、皮肤金属化等。其中电击可分为暂态电击和稳态电击。

暂态电击是当人体接触异电位物体时，大量异种电荷以火花放电的形式突然放电。暂态电击通常以火花放电的能量大小来衡量对人体的危害程度，表 3-3 为暂态电击对人体各危害程度的能量阈值。

表 3-3　　暂态电击对人体各危害程度的能量阈值

生理效应	感知	烦恼	损伤或死亡
能量阈值（mJ）	0.1	0.5～1.5	25000

稳态电击通常是因为在等电位作业或间接不停电作业中，由于人体对地电容的存在，人体会受到稳态电容电流等的电击。当不同电流作用到人体时，人体会表现出不同的生理反应，其危害程度通常与以下几个因素有关。

1．电流大小

电流大小是影响触电危害程度最直接的因素，电流越大，其危害程度越严重，稳态电击对人体各危害程度的能量阈值见表 3-4。一般情况下，人体对 0.5mA 以下的工频电流是没有感觉的，而 8～10mA 以下的工频电流、50mA 以下的直流电流可以当作人体允许的安全电流。通常电击引起死亡的主要原因是心室纤维性颤动，即心脏丧失泵血功能。但对人体来说，通过的电流大小一旦超过摆脱电流时就会有致命危险，此时人体已无法主动摆脱接触点，会有持续的电流通过人体，从而引起呼吸困难直至窒息死亡。需要注意的是，表 3-4 中的阈值在不同情况下会产生浮动，它和人体与接触点的接触面积、接触时环境的温湿度及人体的生理状态等特性有关。

表 3-4　　稳态电击对人体各危害程度的能量阈值　　mA

生理效应	感知	震惊	摆脱	呼吸痉挛	心室纤维性颤动
男性能量阈值	1.1	3.2	16.0	23.0	100
女性能量阈值	0.8	2.2	10.5	15	100

2．人体电阻

人体电阻的大小是影响触电后人体受到伤害程度的重要物理因素。人体电阻由体内电阻和皮肤组成，体内电阻基本稳定，约为 500Ω。接触电压为 220V

时，人体电阻的平均值为 1900Ω；接触电压为 380V 时，人体电阻降为 1200Ω；当接触电压在 500～1000V 时，人体电阻降为 1000Ω。人体电阻也不是一个固定的数值，一般认为干燥的皮肤在低电压下具有相当高的电阻。手指某些部位的皮肤还有角质层，角质层的电阻值更高，而不经常摩擦部位皮肤的电阻值是最小的。皮肤电阻还同人体与带电体的接触面积及压力有关，当表皮受损暴露出真皮时，人体内因布满了输送盐溶液的血管而具有很低的电阻。同理，人体出汗时，也会导致人体电阻显著降低，使通过人体的电流急剧增大。

3．电流通过人体的途径

电流在人体内部流过的路径不同，对人体造成的危害也不尽相同，其危害程度主要视流经心脏的电流来决定。通常来讲，流经心脏的电流按照其危害程度由大到小的电流路径是：左手至脚＞右手至脚＞左右手之间＞左右脚之间。电流从人体左手至脚流过时，危害性最大；在左右脚之间流过时，危害性最小，但也可能导致人体双脚发生痉挛而摔倒，造成二次甚至全身触电。

4．电流持续流过人体时间的长短

电流经过人体的时间越长，人体电阻会越小，造成的危害越大。有时虽然触电电流很小，但是长时间接触电流，持续通过人体的电流也会造成呼吸困难、心脏颤动，引发心脏停跳。通常触电电流超过 50mA • s，就会有生命危险。由于不停电作业过程中，作业人员需长时间通过绝缘工器具接触带电体，人体的安全电流取值设为 1mA。

5．人体状态

人体的生理、精神状态均会影响触电的危害程度。如本身患有心脏病、呼吸系统疾病等的患者，在触电时更容易遭受生命威胁；而在疲劳、出汗等状态下，也会增加触电事故概率及其危害程度，甚至造成二次伤害。

3.2.1.3　防止人身触电的原理

防止人身触电，主要是限制通过人体的触电电流。在触电回路中，限制作，用在人体的电压以及增大触电回路的阻抗可以有效控制流过人体的电流，从而保障作业人员的安全，防止发生人身触电事故。

1．限制作用于人体的电压

不停电作业过程中限制作用于人体的电压，主要是限制操作过电压和大气过电压。

操作过电压是在电力系统中由于操作所引起的一类过电压，包括正常的操作，如空载线路的合闸与分闸等；还包括非正常的故障，如线路通过间歇性电弧接地等。因此，在不停电作业开始之前，要保证线路已经退出重合闸、待更换的断路器已退出相关保护等，避免断路器连续开断、合闸而产生操作过电压。

大气过电压又称冲击过电压，是指当雷云放电时作用在物体上形成的冲击过电压。若遇雷电等不良天气，禁止进行不停电作业，这也是防止大气过电压使得流过作业人员的电流增大，造成触电事故。

2．增大触电回路阻抗

不停电作业时，作业人员会穿戴绝缘防护用具并使用绝缘工器具进行作业，人体与绝缘防护用具、工器具呈串联状态，这大大增加了可能导致触电的回路阻抗，有效限制触电电流。这也就要求作业人员，在作业过程中禁止摘下绝缘防护用具，并且要正确使用绝缘工器具。

需要注意的是绝缘材料在内、外因素影响下，也会使通道流过一定的电流，习惯上把这种电流称之为泄漏电流。绝缘工具上的泄漏电流，主要指沿绝缘材料表面流过的电流，它是由外来杂质（水分、酸及其他）的离子式绝缘介质本身的离子移动所引起的。从绝缘工具流过来的泄漏电流将全部通过人体入地，可以通过使用绝缘工具时对其表面进行擦拭，使其表面光洁干净，达到尽可能地减少沿面电流的目的。有一种防泄漏电流伤害的办法是采用泄漏报警器，并联在绝缘工具的尾部，并与大地相连，当泄漏电流达到整定值即发出警报，停止使用。

普通绝缘工具在湿度超过 80%RH 以上的环境中禁止使用，如需不停电作业，则必须使用防潮型绝缘工具（防潮绝缘杆、防潮绳、防潮绝缘毯、防潮绝缘服等）。防潮工具内部、表面经过特殊处理，具有在潮湿气候下仍能保持很小的泄漏电流特性。特殊的雨天绝缘操作杆，由于加装有一定数量的防雨罩，使绝缘操作杆在有效长度内的泄漏路径大大延伸，并保持少数区段的绝缘不被雨淋湿，所以，整个工具的泄漏电流得到有效控制，一般工作状态下的泄漏电流不会超过几百微安。

3.2.2　电场的防护

不停电作业中所遇到的电场几乎都是不对称分布的极不均匀电场。作业人员在攀登杆塔或变电站构架，由地电位进入强电场的过程中，构成了各种各样的电场。运行中的导线其表面及周围空间存在着电场，且属于不均匀电场，其表面的电场强度高于周围空间的电场强度。影响导线表面及周围空间电场强度的因素是多方面的，主要包括输电线路运行电压、相间距离与分布、导线对地高度、分裂导线数目、分裂距离与子导线的直径、导线表面状况、当地气象条件等。

在不停电作业的全过程中人体处于空间电场的不同位置，对空间电场的影响是不一样的，人体各部位体表的电场强度也是不一样的。将人体看成导体，由于静电感应，当人体处于地面时，整个人体处于地电位，人体形成突出，一般来说头部体表电场强度最高；当人体在导线与地面间电位悬浮（相当于中间电位作业时），沿着电场的纵方向的人体突出部位（头、脚）体表电场强度最高；人体与导线电位相等后，人体的突出部分将发出电力线，此处的体表电场强度最高；在操作人员进行电位转移的瞬间，手接触导线时手与导线之间的气隙处的电场强度非常大，会导致手指与导线之间发生放电，直到手指握住导线后，放电才会停止。

3.2.2.1　人体对电场的感知水平

不停电作业人员在电场中时，外表会出现不适感觉，这个问题与作业安全直接相关，是作业人员非常关心的问题。

人体在强电场中有风吹的感觉，是因为强电场中的人体会带上感应电荷，这种电荷会堆积在人体表面的尖端部位（如指尖、鼻尖等），使其周围的局部电场强度得到加强，促使这里的空气产生游离、出现离子移动从而引起风，这种电风拂过皮肤时就会有种特有的风吹感。

在交流电场中，当电场强度达到某一数值后，许多人的耳中就会产生嗡嗡声。初步分析认为，这是由于交流电场周期变化，对耳膜产生某种机械振动所引起的。

在强电场中，如果人的面部不加屏蔽，也会产生一种特有的“蛛网感”，其感觉如同面部沾上了蜘蛛网一样的难受。究其原因是尖端效应，使面部的电荷集中到汗毛上，汗毛上的同性电荷所产生的斥力使汗毛竖起，在交流电场中汗毛的反复竖立，牵动皮肤从而产生一种特有的异样感。

当人穿着塑料凉鞋在强电场下的草地上行走时，只要脚下的裸露部分碰到附近的草尖，就会产生明显的刺痛感。这是由于人体与大地绝缘，与草尖有电位差，造成草尖与人体放电。

3.2.2.2 不停电作业时人体的安全电场强度

人体皮肤对表面局部电场强度的电场感知水平为240kV/m。据研究，人体在地面时，若地面电场强度为10kV/m，则头顶最高电场强度为135kV/m，小于电场感知水平，是足够安全的。不停电作业时，在中间电位、等电位或电位转移时，体表电场强度会远远超过这个值，则需采取防护措施。GB 6568.2—2000《带电作业用屏蔽服装试验方法》中规定，人体面部等裸露处的局部电场强度允许值为240kV/m。

3.2.2.3 不停电作业静电感应的防护

在交流电场中，当电场强度达到一定数值后，会在附近金属部件上形成静电感应。因此，在部件未接地前，禁止处于地电位的人员直接或者通过金属工器具间接接触。使用绝缘斗臂车进行不停电作业时，车体由于静电感应或车体绝缘不合格导致与地电位形成电位差，绝缘斗臂车周围的人员接触车体也会因触电而受伤。同时，静电感应也会对车体的油路系统造成破坏。因此绝缘斗臂车良好接地是防护静电感应的关键步骤。

3.3 生产现场标准化作业流程

标准化作业作为一种现代化安全生产管理的科学实用方法，不但弥补了安全操作规程本身的不足，而且可以有效防止人的失误和各种违章行为的出现，有效防止各类安全和质量事故的发生，给做好安全质量管理带来许多方便，应该重点推广和使用。

开展不停电作业工作，同样应该有效落实和规范现场标准化作业，加强现场作业关键环节、关键点安全风险管控，以工作票（操作票）、安全交底会（班前会、站班会、班后会）、作业指导书（卡）等为依据来指导其作业全过程，包括计划申请、作业前的准备阶段、现场作业实施阶段、作业后的终结阶段。

3.3.1　计划申请

1．填报作业任务申请单

相关单位根据实际工作内容确认不停电作业需求，填写不停电作业任务申请单，上报给不停电作业班组。

2．下达工作任务通知单后组织相关人员现场勘察

工作票签发人或工作负责人应组织有经验的人员到现场勘察，履行现场勘察制度，这属于保证作业安全的组织措施之一。

现场勘察时应了解线路是否符合不停电作业条件、同杆（塔）架设线路及其方位和电气间距、作业现场条件和环境及其他影响作业的危险点，并根据勘察结果确定不停电作业方法、所需工具及应采取的措施。

3．编制周计划

根据现场勘察的结果，不满足作业条件的，与申报单位协商，重新调整作业方案或者取消不停电作业；满足作业条件的，结合相关工作计划、用户需求、作业难度、天气状况等，进行周计划的编制。

3.3.2　作业前准备阶段

1．查阅有关线路的技术资料

了解有关图纸资料、线路及设备的规格型号、性能特点、受力情况；明确系统接线的运行方式，选用作业方法及作业工器具，判断是否停用重合闸。

2．开展危险点分析

针对作业项目特点、作业方法、使用的作业工器具可能发生的异常以及天

气突变等状况造成的作业危险点进行分析，并提出相应的预控措施。

3．编制《现场标准化作业指导书（卡）》并履行相关审批手续

《现场标准化作业指导书（卡）》是对作业全过程控制指导的约束性文件，明确具体操作方法、步骤、危险点预控措施、标准和人员责任等，依据工作流程组合成的执行文件。

作业指导书的编制需要注意以下几点：

（1）体现对设备的全过程管理，包括设备验收、运行检修、缺陷管理、技术监督和反措要求等内容；体现对现场作业的全过程控制。

（2）依据生产计划编制现场作业指导书，生产计划应根据现场运行设备的状态而制订，包含缺陷异常、反措要求、技术监督等内容，施行刚性管理，并严格履行审批手续。

（3）应在作业前编制，注重策划和设计，量化、细化、标准化每项作业。做到作业程序有要求，安全有措施，质量有标准，考核有依据。

（4）针对现场实际，进行危险点分析，制订相应的防控措施。

（5）应分工明确，责任到人，编写、审核、批准和执行应签字齐全。

（6）一项作业任务编制一份作业指导书。

（7）应规定保证本项作业安全和质量的技术措施、组织措施、工序与验收等内容。

（8）应结合现场实际由专业技术人员编写，由相应的主管部门审批。

4．组织作业人员学习作业指导书

经批准的作业指导书，组织所有作业人员学习，在开工前领会作业内容、作业要领，全面广泛地推进现场标准化作业，实施对现场作业安全、质量的全过程管理，遵照规章制度，结合作业现场实际情况，确保能够认真开展现场标准化作业。

5．填写、签发工作票以及办理停用重合闸或直流再启动保护

（1）填写、签发工作票并履行工作票制度，属于保证不停电作业安全的组织措施之一。工作票的填写与使用应严格执行相关规定：

1）工作票由工作负责人按票面要求逐项填写，也可由工作票签发人填写。一张工作票中，工作票签发人、工作许可人不得兼任工作负责人。

2）工作票签发人和工作负责人、专责监护人应由具有不停电作业资格、不停电作业实践经验的人员担任。

3）用计算机生成或打印的工作票应使用统一的票面格式。

4）工作票应由工作票签发人审核，手工或电子签发后方可执行。

5）工作票一份交工作负责人，一份留存工作票签发人或工作许可人。

6）工作票应提前交给工作负责人。

7）工作票的有效时间以批准检修期为限，已结束的工作票应保存一年。

8）填用配电带电作业工作票的工作：

a．高压配网不停电作业。

b．与邻近带电高压线路或设备的距离大于表1-1、小于表3-5规定的安全距离。

表3-5　　高压线路、设备不停电时的安全距离

电压等级（kV）	安全距离（m）	电压等级（kV）	安全距离（m）
10及以下	0.7	±50	1.5
20、35	1.0	±400	7.2
66、110	1.5	±500	6.8
220	3.0	±660	9.0
330	4.0	±800	10.1
500	5.0		
750	8.0		
1000	9.5		

9）填用电力线路带电作业工作票的工作：不停电作业或与邻近带电设备距离小于表3-5规定的安全距离。

（2）办理停用重合闸或直流再启动保护，属于保证作业安全的技术措施之一。需停用重合闸的作业，应提前向调度申请，在得到调度的许可后方可进行作业。一般内容应包括工作负责人姓名、作业时间、设备名称、作业任

务等。

不停电作业有下列情况之一者，应停用重合闸或直流再启动（相当于交流线路中的重合闸功能）保护，并不得强送电：

1）中性点直接接地的系统中有可能引起单相接地的作业。

2）中性点非有效接地的系统中有可能引起相间短路的作业。

3）直流线路中有可能引起单级接地或极间短路的作业。

4）工作票签发人或工作负责人认为需要停用重合闸或直流再启动保护的作业。

6．工器具准备与储运

根据作业内容与方法准备所需的工器具和材料，进行必要的检查，确保合适、可用和足够。不停电作业工器具（包括不停电作业用绝缘遮蔽用具、个人防护用具、检测仪器等）及作业车辆状况直接关系到作业人员的安全，务必严格管理。

开展不停电作业的基层单位应配齐相应的工器具、车辆等装备。购置不停电作业工器具应选择具备生产资质的厂家，产品应通过型式试验，并按不停电作业有关技术标准和管理规定进行出厂试验、交接试验，试验合格后方可投入使用。自行研制的不停电作业工器具，应经具有资质的单位进行相应的电气、机械试验，合格后方可使用。

不停电作业工器具应设专人管理，并做好登记、保管工作。不停电作业工器具应有唯一的永久编号，同时建立工器具台账，包括名称、编号、购置日期、有效期限、适用电压等级、试验记录等内容，且台账应与试验报告、试验合格证一致。不停电作业工器具应放置于专用工具柜或库房内，工具柜应具有通风、除湿等功能且配备温度表、湿度表，库房应符合 DL/T 974《带电作业用工具库房》的要求。

不停电作业绝缘工器具若在湿度超过 80%RH 环境使用，宜使用移动库房或智能工具柜等设备，防止绝缘工器具受潮。不停电作业工器具运输过程中，应装在专用工具袋、工具箱或移动库房内，防止受潮和损坏。发现绝缘工具受潮或表面损伤、脏污时，应及时处理并经检测或试验合格后方可使用。

3.3.3　现场作业实施阶段

1．现场复勘

工作负责人组织作业人员进行作业前现场复勘，是履行工作许可的先决条件。如现场核对线路名称和杆号，确认线路、设备状态，检查现场作业环境是否满足不停电作业条件等，并向工作负责人汇报。报告内容为："报告工作负责人，本次任务经过现场复勘，具备作业条件、天气满足不停电作业要求、风力不超过5级、湿度不大于80%RH，可以进行不停电作业。"

2．履行工作许可（制度）和停用重合闸工作许可

履行工作许可（制度）、停用重合闸，以及工作终结和恢复重合闸（制度），是保证不停电作业安全的重要组织、技术措施。

工作负责人在作业开始前，应与值班调控人员联系（用标准化语言），需要停用重合闸的作业和带电断、接引线工作应由值班调控人员履行许可手续，需要停用重合闸的要确认线路重合闸装置已退出，工作负责人在工作票上签字并记录许可时间。

下面是一段示例话术："报告调度，我是××班工作负责人×××，现办理×××××作业工作票许可，编号××××××××××，申请作业时间××××年××月××日××时××分至××××年××月××日××时××分，已完成工作准备，天气满足不停电作业要求，安全措施完备，具备作业条件，本次工作地点在××××线路××杆，要求（停用或不停用）××××线路重合闸，请批准。请告知批准时间，请告知批准人。"

对于配（农）网不停电作业，采用两级许可方式：第一级许可为电话许可，由调度部门下令至设备运维单位工作许可人；第二级许可为现场当面许可，由设备运维单位工作许可人现场许可。

3．安全措施布置

工作负责人组织班组成员布置工作现场，装设遮栏（围栏）和警告标识（标识牌），属于保证不停电作业安全的技术措施之一。

安全围栏和出入口的设置应合理和规范，其范围应不小于高空落物、绝缘斗臂车作业范围；警告标识应齐全和明显，应设置在出入口和道路处，如“在此工作”“从此进出”“施工现场以及车辆慢行或车辆绕行”等标识牌，车辆和行人出入频繁的复杂地段还应设专人看护。

4．召开班前会

开好班前会（包括站班会和班后会），是落实和贯彻现场标准化作业工作的关键环节。主要是依据本作业项目的带电作业工作票和《现场标准化作业指导书（卡）》，对工作班成员进行危险点分析及安全控制措施告知、布置工作任务、明确作业方法、注意事项以及检查工作班成员精神状态是否良好、工作班成员确认的过程，所有工作人员应明确领会。

其中，在人员组织与任务分工时，应充分考虑作业班组成员技术熟练程度和工作经验，规避新项目用新人、复杂科目用经验欠缺人，做到知人善任。参加不停电作业的人员，应经专门培训，考试合格取得资格、单位批准后，方可参加相应的作业。工作票签发人和工作负责人、专责监护人应由具有不停电作业资格和实践经验的人员担任。作业人员应按要求着装，工作负责人或专责监护人应有明显标识或标识。

5．现场检查工器具及设备

工作负责人监督、检查作业人员是否正确佩戴个人安全防护用具。工作班人员对所使用工器具进行检查，核对工具是否齐全。不停电作业用工器具使用前，应按类别分区摆放在防潮垫（毯）上，并使用干燥毛巾逐件对绝缘工器具进行擦拭并进行外观检查，如是否有在其试验周期内的试验“合格”标签、有无损伤变形、绝缘工具有无受潮、承力工具是否完好、连接部位的螺栓是否紧固到位、屏蔽服外观是否完好等；对绝缘工具应使用绝缘检测仪进行分段绝缘检测，绝缘电阻值不低于700MΩ，检查绝缘工具时应戴清洁、干燥的纱手套，并应防止绝缘工具在使用中脏污和受潮；登杆作业的还应检查作业杆塔有无锈蚀和损坏，杆塔基础有无损坏和塌方，拉线是否锈蚀、松弛，对登高及安全工具进行冲击试验，确认登杆工具完整、良好。

不停电作业工器具试验应符合 DL/T 976《带电作业工具、装置和设备预防性试验规程》的要求；不停电作业遮蔽和防护用具试验应符合 GB/T 18857《配电线路带作业技术导则》的要求；绝缘斗臂车应根据 DL/T 854《带电作业用绝缘斗臂车的保养维护及在使用中的试验》定期检查。

6．绝缘斗臂车停放至预定位置并试操作检查

绝缘斗臂车应使用截面积不小于 16mm^2 的软铜线可靠接地，使用前须在预定位置空斗试操作一次：使用地面操作台操作绝缘斗臂车，将绝缘斗升到预定位置，试操作一次，确认绝缘斗臂车液压、传动、回转、升降系统正常，操作、制动装置可靠。作业人员操作绝缘斗臂车绝缘斗时动作应保持平稳，工作负责人协助监护、观察周围环境并及时提醒。绝缘斗臂车的金属部分在仰起、回转运动中，与带电体间的安全距离不得小于 0.9m（10kV）或 1.0m（20kV）。

7．进入不停电作业区域开始现场作业工作

不停电作业人员穿戴好绝缘防护用具（如果采用绝缘斗臂车作业的，进入绝缘斗即将安全带保险钩系挂在斗内专用挂钩上），经工作负责人检查合格后，准备开始现场作业。

进入不停电作业区域前，作业人员应按规定正确验电：从下方依次验电，对人体可能触及范围内的低压线亦应验电，确认无漏电现象，验电器应满足 DL/T 740《电容型验电器》的技术要求。验电时，人应处于与带电导体保持安全距离的位置，在低压带电导线或漏电的金属紧固件未采取绝缘遮蔽或隔离措施时，作业人员不得穿越或碰触。验电前应对验电器进行自检，并在带电体上检验，验电人员必须戴绝缘手套。

获得工作负责人许可后，作业人员进入不停电作业区域，开始现场作业，工作负责人或专责监护人应履行工作监护制度。其中，作业中的关键环节、关键点安全风险管控如下：

（1）工作负责人或专责监护人履行工作监护制度，属于保证不停电作业安全的重要组织措施之一。工作负责人（或专责监护人）必须在工作现场行使监护职责，对作业人员的作业步骤进行监护，及时纠正不安全的动作，有效实施

作业中的危险点、程序、质量和行为规范控制等。监护人不得直接操作，监护的范围不得超过一个作业点，复杂或高杆塔作业，必要时应增设专责监护人。

（2）为了保证作业人员和设备的安全，除正确穿戴个人绝缘防护用具外，作业中保持足够的安全距离和设置有效的绝缘遮蔽（隔离）措施，也是保证不停电作业安全的重要技术措施之一。

遮蔽动作的要求是动作轻缓又规范，控制动作幅度，动作之间无缝衔接；遮蔽效果的要求是绝缘遮蔽严密且牢固，用具之间的搭接部分应有大于15cm的重合；遮蔽时要保持规定的安全距离，严禁人体串入电路，严禁人体同时接触两个不同的电位体；绝缘斗内双人作业时，禁止同时在不同相或不同电位作业。

（3）在从地面向杆上作业位置吊运工器具和遮蔽用具时，工器具和遮蔽用具应分别装入不同的吊装袋，避免混装。采用绝缘斗臂车的绝缘小吊或绝缘滑轮吊放时，吊绳下端不应接触地面，应防止吊绳受潮或缠绕在其他设施上，吊放过程中应边观察边吊放。杆上作业人员之间传递工具或遮蔽用具时应一件一件地分别传递。

（4）工作任务完成，拆除绝缘遮蔽（隔离）措施。拆除绝缘遮蔽（隔离）用具时，同样应动作轻缓和规范，并保持规定的安全距离，按照“从远到近、从上到下、先接地体后带电体”的原则依次拆除。检查无遗留物后，转移绝缘斗退出不停电作业工作区域，返回地面。

这里需要强调的是，开展不停电作业工作，必须以强化作业人员规范化训练和现场作业安全风险管控为主。其中，如何保证足够的安全距离和安全有效地设置绝缘遮蔽（隔离）措施是重中之重。

因此作业人员平时应多开展遮蔽方法程序化训练、徒手操作灵巧性训练、工具使用熟练性训练。作业时要记住：工位选择要适当；安全距离有保障；动作轻缓又规范；遮蔽严密要牢固；多余动作克服掉；恢复遮蔽不能忘；结合之处有重合；有效遮蔽落实处；防范意识需保持；作业安全有保证；现场作业要规范；人身安全勿放松。

3.3.4　作业后的终结阶段

1．清理工具及现场

工作负责人组织工作人员清理工具及现场，认真检查杆（塔）、导线、设备上有无留遗物，工作负责人全面检查工作完成情况，确认无误后撤离现场，做到工完、料净、场地清。

2．召开收工会

工作负责人对完成的工作进行全面检查，符合验收规范要求后，记录在册并召开现场收工班后会进行工作点评，宣布工作结束。

3．工作终结和恢复重合闸

工作负责人向值班调控人员汇报工作已结束，停用重合闸的作业需申请恢复线路重合闸，办理工作终结［已终结的工作票、作业指导书（卡）应保存一年］，工作班撤离现场。

下面是一段示例：“报告调度，我是××××班工作负责人×××，现办理×××××作业工作票终结许可，编号××××××××××，申请作业时间××××年××月××日××时××分至××××年××月××日××时××分，现已完成全部工作任务，线路上作业人员已撤离，杆上无遗留物，工艺质量符合验收要求，请批准终结工作票。请告知批准时间，请告知批准人”。

应当注意的是，在不停电作业中，虽然采用了绝缘斗臂车、绝缘遮蔽用具、个人绝缘防护用具，使作业的安全性得到提高。但由于其作业的过程是利用绝缘遮蔽用具和空气间隙将人体与带电体隔离，出现动作失误或工具故障可能直接造成人身事故，真正的安全是要建立正确的安全思想意识、行为意识和严谨的制度管理去体现，而规范和落实现场标准化作业是促进不停电作业安全开展的重要保证。

第 4 章　输电带电典型作业项目及安全注意事项

4.1　地电位作业

4.1.1　火花间隙法测量零值绝缘子

带电检测绝缘子一般采用地电位作业法，现场作业中通常采用分布电压检测、绝缘电阻检测、火花间隙装置检测等方法，本章主要介绍采用火花间隙装置带电检测瓷质盘形绝缘子的作业方法。

1．火花间隙型检测装置

火花间隙检测是使用金属短路叉的可调间隙或固定间隙短接绝缘子时，由于完好绝缘子在运行中两端存在数千伏电位差，在可调间隙或固定间隙处会发出尖端放电声的原理来鉴别劣质绝缘子的。有放电声的绝缘子是合格绝缘子，没有放电声的绝缘子是劣化绝缘子。该方法只能定性判断绝缘子合格与否，不能反映确切的电压值，分辨能力较差，但因其方法简单、工具轻便、操作灵活而被广泛采用。其主要工具有短路叉、固定小球隙及可调式火花检测器等。用短路叉测量示意图如图 4-1 所示，固定小球隙检测器如图 4-2 所示。

2．测试目的

绝缘子受其制造工艺、运行中的机械和电气荷载、环境、自然老化等因素影响，其机电性能下降，产生零值或低值绝缘子。由于这些劣质绝缘子的存在，将使线路的绝缘水平下降，发生闪络甚至断串事故。绝缘子带电测试的目的：

①检测出运行绝缘子串中零值和劣值绝缘子，便于制订相应方案将其更换，以保证绝缘子串不发生闪络事故；②通过对绝缘子的定期检测，用于分析评估绝缘子的劣化趋势。

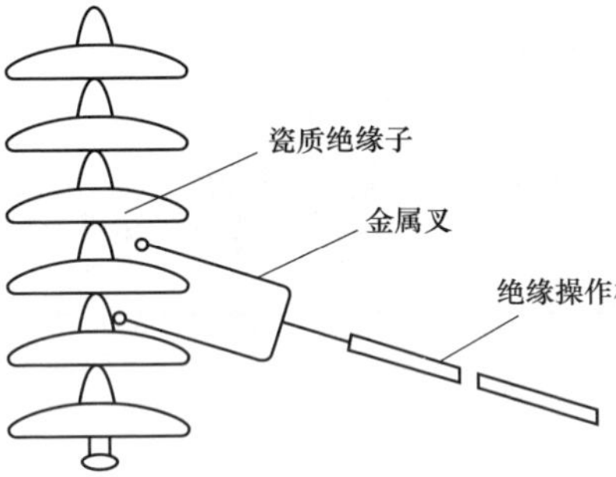

图 4-1　用短路叉测量示意图

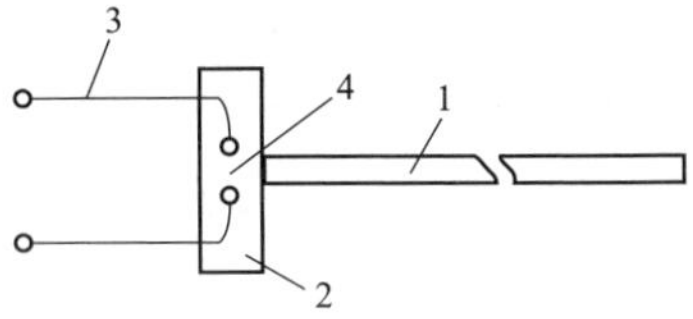

图 4-2　固定小球隙检测器

1—绝缘操作杆；2—绝缘板；3—金属测棒；4—小球间隙

3．危险点分析与预控措施

表 4-1 为作业中需要注意的危险点分析及相应预控措施（火花间隙法测量零值绝缘子）。

表 4-1　作业中需要注意的危险点分析及预控措施（火花间隙法测量零值绝缘子）

序号	危险类型	危险点	预控措施
1	高处坠落	登高及移位过程中发生高处坠落	攀登杆塔时，注意爬梯或脚钉是否牢固、可靠，安全带应系在牢固的构件上，检查扣环是否扣牢。杆上转移作业位置时，不得失去安全带保护
		作业过程中发生高处坠落	安全带、后备保护绳，应分别系挂在不同的牢固构件上
2	高电压	感应电刺激伤害	在 330kV 及以上电压等级的线路杆塔上及变电站构架上作业，应采取防静电感应措施，例如，穿静电感应防护服、导电鞋等（220kV 线路杆塔上作业时宜穿导电鞋）
		工具绝缘失效	（1）应定期试验合格； （2）运输过程中妥善保管，避免受潮； （3）作业过程应注意保持绝缘工具的有效绝缘长度； （4）现场使用前应用 2500V 及以上的绝缘电阻表或绝缘检测仪进行分段检测，检查其绝缘阻值不小于 700MΩ

续表

序号	危险类型	危险点	预控措施
2	高电压	空气间隙击穿	（1）作业前应确认空气间隙满足安全距离的要求； （2）专责监护人应时刻注意和提醒操作人员动作幅度不能过大，注意安全距离
		短路	使用火花间隙检测器进行检测，当发现同一串中的零值绝缘子片数不符合表 4-2 规定时，应立即停止检测
3	恶劣天气	气象条件不满足要求	不停电作业应在良好的天气下进行。如遇雷、雨、雪、雾不得进行不停电作业，风力大于 5 级时，一般不宜进行不停电作业

表 4-2　一串绝缘子允许零值绝缘子片数

电压等级（kV）	63/66	110	220	330	500
绝缘子串片数（片）	5	7	13	19	28
零值片数（片）	2	3	5	4	6

4．作业前准备

（1）作业方式：采用地电位作业法使用火花间隙检测器检测 220kV 线路盘形瓷质绝缘子。

（2）人员组合：工作负责人（监护人）1 人、塔上电工 1 人、地面电工 1 人。

（3）主要工器具、材料表（火花间隙法测量零值绝缘子），见表 4-3。

表 4-3　主要工器具、材料表（火花间隙法测量零值绝缘子）

序号	工具名称	规格、型号	单位	数量	备注
1	绝缘绳	ϕ14	根	1	传递用
2	绝缘滑车	5kN	只	1	
3	绝缘绳套	ϕ10	根	1	
4	绝缘操作杆	220kV	根	1	
5	火花间隙检测器		个	1	间隙校正正确
6	防潮苫布	3m×3m	块	1	
7	绝缘测试仪	ST2008	台	1	也可用绝缘电阻表

5．作业步骤及要求

（1）按照不停电作业现场标准化流程完成准备工作。

（2）塔上电工携带绝缘传递绳登塔至横担适当位置，系好安全带，将绝缘滑车及绝缘绳在作业横担适当位置安装好。

（3）地面电工用绝缘传递绳将装有火花间隙检测器的绝缘操作杆传递给塔上电工。

（4）塔上电工持绝缘操作杆将检测器的两根探针同时接触每片绝缘子的钢帽和钢脚，细听间隙处有无放电声，无放电声的绝缘子即为劣化绝缘子。逐相由导线侧第一片绝缘子开始，按顺序逐片往横担侧进行检测。发现零值绝缘子时，重复测试 2～3 次，确认后向地面报告，由地面电工做好记录。

（5）检测时要认真细听火花间隙的放电声，并根据需要再进一步校正火花间隙距离，使测量靠横担处的绝缘子时有轻微放电声为准。

（6）测量中发现可疑的低值、零值绝缘子时，宜用电压分布测量仪复测。

（7）绝缘子检测完毕后，塔上电工和地面电工相互配合，将绝缘检测操作杆、绝缘子测试仪下传至地面。

（8）塔上电工检查确认塔上无遗留工具后，汇报工作负责人，得到同意后携带绝缘绳平稳下塔。

（9）按不停电作业现场标准化作业流程进行“工作终结”。

6．测试注意事项

（1）测试结果分析及测试报告编写。

1）检测记录应包含检测时间、检测方法、线路名称、杆号、串型、相位、串中位置、绝缘子型号、生产厂家、生产日期、投运时间、清扫维护记录等信息。

2）绝缘子检测结束后应统计劣化率，分析绝缘子的劣化趋势，有无加速劣化的趋势。

（2）测试注意事项。

1）参照不停电作业现场标准化作业流程“不停电作业中的一般安全注意事项”开展作业。

2）绝缘子检测应在天气晴朗，且大气相对湿度小于 80%RH 的条件下进行，一般上午在 9 点至 10 点钟开始检测，下午在 4 点钟前完成，以免空气湿度较大和绝缘子表面的凝露而影响检测的准确性。如果在干燥地区，可适当调整开收工时间。

3）作业前校核火花间隙的距离，间隙放电电压参考数：1mm 为 2kV、1.5mm 为 2.5kV、2mm 为 3kV。

4）当检测时发现绝缘子串中劣化绝缘子较多时，应计算绝缘子的片数，确保其满足表 4-2 的规定值。

5）针式绝缘子及少于 3 片的悬式绝缘子串不允许使用火花间隙检测法进行检测。

6）检测导线垂直排列的绝缘子时，身体站立应注意头顶距上方带电体的安全距离。

7）检测靠近导线侧的第一片绝缘子时，应注意区分放电间隙的放电声与带电体对检测器金属部件的尖端放电声。

4.1.2　绝缘梯法更换悬垂绝缘子

1．工作内容

带电更换 110kV 直线整串绝缘子一般采用地电位作业法，本部分主要介绍以绝缘滑车组作为吊线工具，采用地电位作业更换 110kV 直线单联整串绝缘子的方法。

（1）绝缘子串结构。110kV 直线绝缘子串有单联、双联 V 形等几种结构方式，通常情况下以单联绝缘子串最为常用。绝缘子有瓷绝缘子、钢化玻璃绝缘子、硅橡胶绝缘子等几种。连接金具有 U 形环、直角挂板、球头挂环、碗头挂板、延长环、二联板、悬垂线夹等，110kV 单联、双联直线绝缘子串结构如图 4-3、图 4-4 所示。

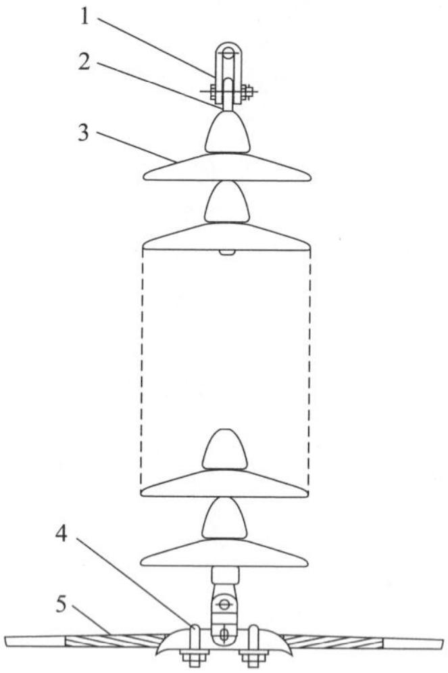

图 4-3　110kV 单联直线绝缘子串结构图

1—挂板（UB 型）；2—球头挂环；3—瓷绝缘子；4—悬垂线夹；5—预绞丝护线条

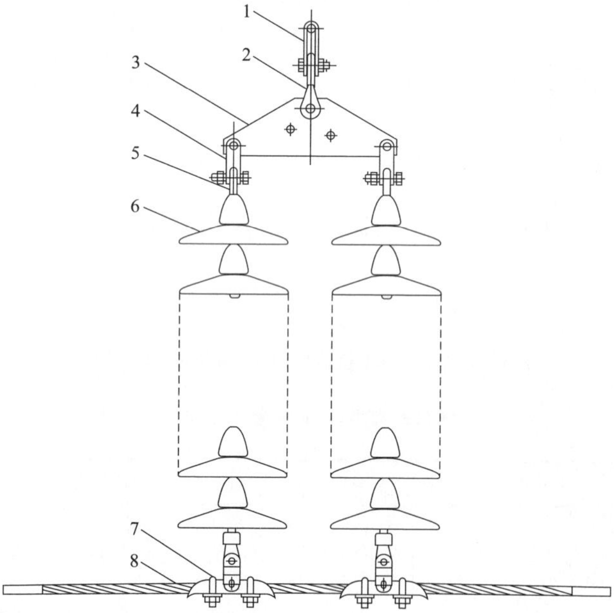

图 4-4　110kV 双联直线绝缘子串结构图

1—挂板（UB 型）；2—U 型挂环；3—联板；4—直角挂板；5—球头挂环；

6—瓷绝缘子；7—悬垂线夹；8—预绞丝护线条

（2）作业方法。利用绝缘滑车组带电更换110kV直线绝缘子。绝缘滑车组带电更换110kV直线绝缘子的基本方法，是用绝缘滑车组提升导线，将绝缘子串的荷载转移到绝缘滑车组上，对绝缘子串进行更换。一般采用地电位作业方式，使用的主要工具有绝缘滑车组、绝缘绳、绝缘操作杆等。这种作业方法优点是通用性强，不同横担结构、不同连接方式的绝缘子串上均可适用，缺点是更换垂直荷载较大的绝缘子串时，靠人力收紧滑车组难度较大。图4-5为绝缘滑车组带电更换110kV直线单串绝缘子工具安装图。

图4-5　绝缘滑车组带电更换110kV直线单串绝缘子工具安装图

2．危险点分析和控制措施

表4-4为作业中需要注意的危险点分析及相应预控措施（绝缘梯法更换悬垂绝缘子）。

表4-4　作业中需要注意的危险点分析及预控措施（绝缘梯法更换悬垂绝缘子）

序号	危险类型	危险点	预控措施
1	工具失效	工具连接失效	（1）作为吊线工具的走二走三滑车组、绝缘绳均应经过定期机械试验合格，使用前应进行外观检查。采用单组吊线工具时应使用防止导线脱落的后备保护绳。 （2）更换一般档距绝缘子串应大致估算绝缘子串的垂直荷载选择相应的吊线工具，更换大跨越绝缘子串应进行精确计算
		工具失灵	走二走三滑车组使用前应进行外观检查，保证转动灵活
2	机械伤害	作业过程中绝缘子断串	（1）进行更换作业前应先检查绝缘子串的完好情况，特别是钢脚和钢帽是否锈蚀严重或雷击熔化。 （2）对于新绝缘子应检查钢脚、钢帽是否有松动、裂纹

续表

序号	危险类型	危险点	预控措施
2	机械伤害	高处落物	（1）工具材料应用绝缘绳索传递，小件物品应装袋，作业点正下方禁止人员逗留。 （2）传递绝缘子串应检查每片绝缘子的弹簧销是否缺损。递吊线工具时应将各部位连接螺栓拧紧，绝缘操作杆应检查接头连接情况
3	高处坠落	登高及移位过程中发生高处坠落	攀登杆塔时，注意爬梯或脚钉是否牢固、可靠，杆上转移作业位置时，不得失去安全带保护
		作业过程中发生高处坠落	安全带应系在牢固的构件上，检查扣环是否扣牢，安全带、后备保护绳应分别系挂在不同的牢固构件上
4	高电压	工具绝缘失效	（1）应定期试验合格。 （2）运输过程中妥善保管，避免受潮。 （3）使用时操作人员应戴防汗手套。 （4）作业过程中绝缘绳的有效长度应保持在 1.0m 以上。绝缘操作杆的有效长度应保持在 1.3m 以上。 （5）现场使用前应用绝缘测试仪器检查其绝缘电阻值不小于 700MΩ
		空气间隙击穿	（1）作业前应确认空气间隙满足安全距离的要求，对于无法确认的，应现场实测确认后，方可进行作业。 （2）必须保证专人监护，监护人在作业人员进入横担靠近带电体之前，应事先提醒
		短路	（1）更换绝缘子串作业前应先用火花间隙法检测绝缘子。 （2）更换过程中扣除零值及被金属工具短接的绝缘子，完好绝缘子片数不得少于 5 片。 （3）更换绝缘子作业过程中，须在绝缘子串与导线脱离连接后，地电位人员方可用手操作第一片绝缘子。直接用手操作绝缘子时不得超过第 2 片。 （4）收紧滑车组时地面人员应在杆上电工指挥下缓慢拉紧绳索，不得突然用力快速拉升导线，以防造成安全距离不足
5	恶劣天气	气象条件不满足要求	不停电作业应在良好的天气下进行。如遇雷、雨、雪、雾不得进行不停电作业，风力大于 5 级时，一般不宜进行不停电作业
		天气突变	作业前应事先了解天气情况，在作业现场，工作负责人应时刻注意天气变化特别是夏季的雷雨。作业过程中发生天气突变时，在保证人员安全的前提下尽快撤离工具

3．作业前准备

（1）作业方式：采用地电位作业方式，用绝缘滑车组提升导线；用绝缘操作杆装脱导线侧碗头。

（2）人员组合：工作负责人（监护人）1 名、杆（塔）上电工 2 名、地面电工 3 名。

（3）主要工具、材料表（绝缘梯法更换悬垂绝缘子），见表 4-5。

表 4-5　　主要工具、材料表（绝缘梯法更换悬垂绝缘子）

序号	工具名称	型号/规格	单位	数量	备注
1	走二走三滑车组	20kN	个	1	—
2	绝缘绳套	ϕ20×400	条	1	—
3	火花间隙检测器		副	1	—
4	直线取销器		只	1	—
5	碗头扶正器		只	1	—
6	单轮绝缘滑车	5kN	只	1	—
7	绝缘绳	ϕ16mm	条	1	起吊绳
8	绝缘操作杆	2.5m	副	1	长度根据需要选择
9	绝缘绳	ϕ12mm	条	1	传递绳
10	地电位取销钳		把	1	—
11	绝缘绳套	ϕ14×400	条	1	—
12	绝缘安全带		条	2	—
13	脚扣	ϕ300mm	副	2	选用
14	绝缘子检测仪		只	1	—
15	吊线钩	20kN	只	1	—
16	绝缘测试仪	ST2008	台	1	也可用绝缘电阻表
17	防脱落保护绳	ϕ20mm	条	1	—
18	防潮苫布	3×3m	块	2	—
19	瓷绝缘子	XP－70	个	7	根据需要确定数量

4．作业步骤和质量标准

（1）按照不停电作业现场标准化流程完成准备工作。

（2）1 号电工登杆（塔）至作业横担位置，2 号电工登杆（塔）至导线水平位置，绑好安全带，1 号电工挂好滑车及传递绳。挂滑车时应注意滑车挂点位置选择，既要方便工具的传递和取用，又要使工具的传递路线与操作相的导线保持足够的安全距离。

（3）地面电工绑好火花间隙检测器传递至杆（塔）上，1 号电工检测绝缘子。检测时先调校放电间隙，从导线侧向横担侧逐片检测，认真听放电声。

（4）地面电工将组装好的绝缘滑车组、绝缘操作杆，按照操作顺序逐件传递至杆上，1 号电工将绝缘滑车组挂在待换绝缘子串悬挂点附近。2 号电工在绝缘子串碗头挂板的水平位置持绝缘操作杆与 1 号电工配合，将连接在绝缘滑车上的吊线钩钩住导线，地面电工拉紧绝缘起吊绳使滑车组稍稍受力。安装绝缘滑车组时应将绝缘绳理顺，避免因绳索扭绞、缠绕增加起吊时的摩擦力，安装时还要注意吊线钩与悬垂线夹保持适当的距离，以免阻碍 2 号电工取销和装脱碗头。图 4-6 为采用绝缘滑车组带电更换 110kV 直线单串绝缘子现场操作示意图。

（5）2 号电工手持绝缘操作杆与 1 号电工配合安装防止导线脱落保护绳，安装保护绳时应注意保护绳适度收紧并固定牢靠。

（6）2 号电工利用绝缘操作杆上的取销器取出导线侧碗头挂板内的弹簧销。取弹簧销前应收紧绝缘滑车组使其稍稍受力，以碗头挂板内的绝缘子钢脚不卡住弹簧销为宜。

图 4-6　绝缘滑车组带电更换 110kV 直线单串绝缘子现场操作示意图

（7）地面电工继续收紧绝缘滑车组使绝缘子串松弛，1 号、2 号电工冲击检查承力工具连接可靠无异常后，2 号电工用绝缘操作杆上的碗头扶正器脱开绝缘子串与导线侧碗头挂板的连接。地面电工收紧绝缘滑车组时应注意用力均匀，缓缓提升导线，防止导线提升过快造成导线对横担安全距离不足或绝缘子串压住碗头挂板使 2 号电工难以将其脱开。

（8）2 号电工指挥地面电工缓缓松出绝缘滑车组的绝缘绳，将导线下落 200～300mm。1 号电工将传递滑车移至绝缘子串挂点附近，将绝缘传递绳的绳头系在绝缘子串横担侧第二片绝缘子上，地面电工稍稍拉紧绝缘传递绳后，1 号电工取出横担侧第一片绝缘子球窝内的弹簧销，地面电工继续拉紧绝缘传递绳，1 号电工脱开横担侧第一片绝缘子与球头挂环的连接。

（9）1 号、2 号电工与地面电工配合，利用绝缘传递绳将旧绝缘子串传递至地面，将新绝缘子串传递至绝缘子串挂点位置，1 号电工恢复横担侧第一片绝缘子与球头挂环的连接并安装好弹簧销。

（10）2 号电工指挥地面电工缓缓提升导线至合适位置，利用绝缘操作杆上的碗头扶正器恢复绝缘子串与导线侧碗头挂板的连接，并安装好导线侧碗头挂板内的弹簧销，恢复荷载。

（11）1 号、塔上 2 号电工检查绝缘子串各部位连接情况，确认安全可靠后，拆除防脱落保护绳、绝缘滑车组传递至地面，检查塔上无遗留工具后，携带绝缘滑车及绝缘传递绳下塔。

（12）按不停电作业现场标准化作业流程进行“工作终结”。

4.2 等电位作业

4.2.1 软梯法带电修补导线

1．作业内容

（1）设备结构。

1）导线的排列方式一般分为三角形排列、水平排列和垂直排列三种，如图 4-7 所示，其中三角形排列和水平排列一般用在单回路上，垂直排列用在同塔共架双回路或多回路线路上。三角形排列的上相导线、垂直排列的上相和中相导线存在导线承受集中荷载后弧垂增大的线间安全距离问题，须进行计算校核后才能开展带电修补导线作业。

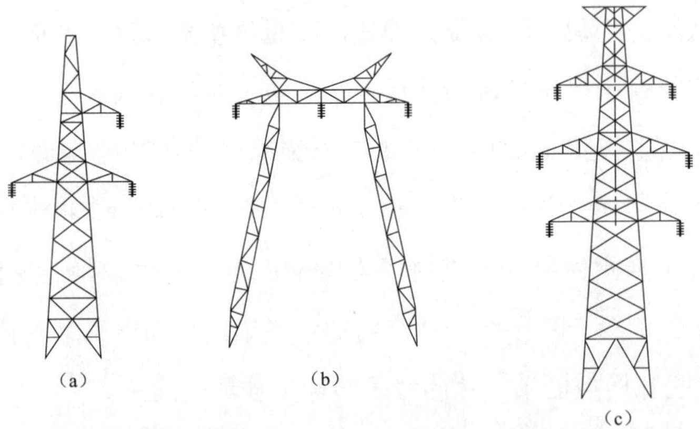

图 4-7　导线在杆塔上的排列方式图

（a）三角形排列；（b）水平排列；（c）垂直排列

2）导线的分裂形式一般有单分裂、双分裂、三分裂、四分裂、六分裂、八分裂等，常见的分裂方式为单分裂、双分裂、四分裂。单分裂、双分裂导线上的作业一般采用滑线的方式进行，三分裂及以上分裂的导线可采用走线的方式进行。

（2）导线修补的相关规定。

1）磨光处理，导线在同一处的损伤同时符合下述情况时，可不做补修，只将损伤处棱角与毛刺用 0 号砂纸磨光。

a．铝、铝合金单股损伤深度小于直径的 1/2。

b．钢芯铝绞线及钢芯铝合金绞线损伤截面积为导电部分截面积的 5%及以下，且强度损失小于 4%。

c．单金属绞线损伤截面积为 4%及以下。

“同一处”损伤截面积是指该损伤处在一个节距内的每股铝丝沿铝股损伤最严重处的深度换算出的截面积总和。损伤深度达到直径的 1/2 时按断股论。

2）补修处理，导线在同一处损伤需采用补修处理时应符合表 4-6 规定。

表 4-6　　导线损伤补修处理标准

方法	损伤情况　线别处理方法	
	钢芯铝绞线与钢芯铝合金绞线	铝绞线与铝合金绞线
以缠绕或补修预绞丝修补	导线在同一处损伤的程度已经超过磨光处理的规定，但因损伤导致强度损失不超过总拉断力的 5%，且截面积损伤又不超过总导电部分截面积的 7%时	导线在同一处损伤的程度已经超过磨光处理的规定，但因损伤导致强度损失不超过总拉断力的 5%时
以补修管补修	导线在同一处损伤的强度损失已经超过总拉断力的 5%，但不足 17%，且截面积损伤也不超过导电部分截面积的 25%时	导线在同一处损伤的强度损失已经超过总拉断力的 5%，但不足 17%时

3）切断重接，导线在同一处损伤符合下述情况之一时，必须将损伤部分全部切去，重新以接续管连接。

a．导线损失的强度或损伤的截面积超过采用补修管补修的规定时。

b．连续损伤的截面积或损失的强度都没有超过用补修管补修的规定，但其损伤长度已超过补修管能补修的范围。

c．复合材料的导线钢芯有断股。

d．金钩、破股已使钢芯或内层铝股形成无法修复的永久变形。

（3）作业方法。线路带电修补导线，一般采用挂软梯的方法进入电场。但对于断股严重或有交叉跨越距离较近的导线，可采用绝缘立梯的方法进入电场。视导线损伤程度其修补有五种方法。

1）导线打磨处理，等电位电工进入电场，用 0 号砂纸顺着线股的绞制方向，将导线损伤处棱角与毛刺磨光，并用纱布清抹干净。

2）单丝缠绕修补导线损伤，见图 4-8。等电位电工进入电场，将受伤处线股处理平整，导地线缠绕材料应与被修补导地线的材质相适应，缠绕紧密，并将受伤部分全部覆盖，距损伤部位边缘单边长度不得小于 50mm。

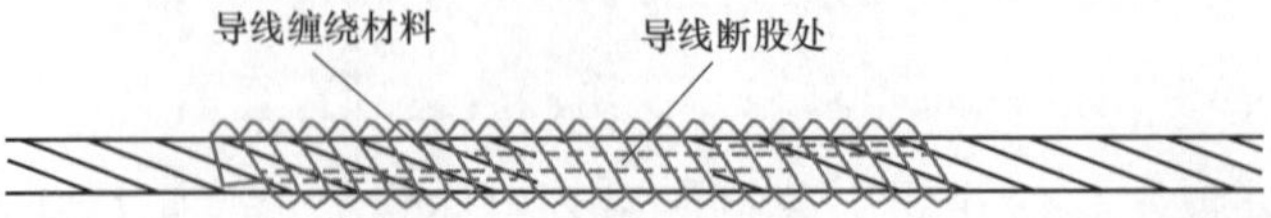

图 4-8 单丝缠绕修补导线损伤

3）补修预绞丝处理导线损伤，见图 4-9。等电位电工进入电场，将受伤处线股处理平整，补修预绞丝长度不得小于 3 个节距，补修预绞丝应与导线接触紧密，其中心应位于损伤最严重处，并应将损伤部位全部覆盖。

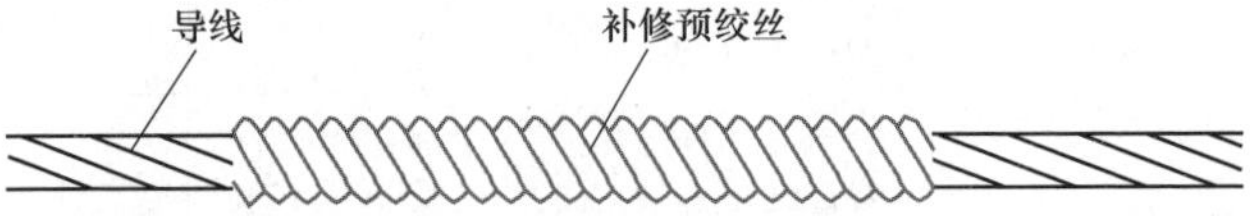

图 4-9 补修预绞丝修补导线损伤

4）补修管修补导线损伤，见图 4-10。等电位电工进入电场，将损伤处的线股恢复原绞制状态，补修管应完全覆盖损伤部位，其中心位于损伤最严重处，两端应超出损伤部位边缘 20mm 以上，补修管可采用液压或爆压。其操作必须符合 SDJ 226—1987《架空送电线路导线及避雷线液压施工工艺规程》、SDJ

276—1990《架空电力线外爆压接施工工艺规程》的规定。

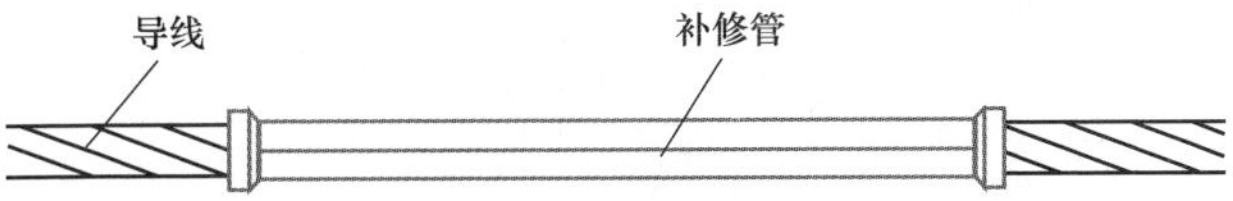

图 4-10　补修管修补导线损伤

5）全张力预绞修补，全张力接续条用于钢芯铝绞线的断线接续、破损修复等场合，可替代液压、爆压接续管使用。全张力接续条由内层条、填充条、外层条三部分组成，内层条用来接续钢芯；填充条安装在内层条上，保证安装后的外径和钢芯铝绞线的外径相同；外层条用来补偿剥掉的铝绞线。使用时，无论导线新旧与否，必须将钢芯铝绞线安装接续条长度范围内表面彻底打磨，使表面光亮和干净之后进行安装。

当导线伤及钢芯时，可采用全张力预绞丝修补，带电修补时应采用搭设绝缘平台或绝缘站梯进入电场，修补前应先安装分流线，并将导线的张力转移到收线系统上，然后进入修补。

2．危险点分析与预控措施

表 4-7 为作业中需要注意的危险点分析及相应预控措施（软梯法带电修补导线）。

表 4-7　　作业中需要注意的危险点分析及预控措施

（软梯法带电修补导线）

序号	危险类型	危险点	预控措施
1	工具失效	工具连接失效	作业前应认真检查软梯、软梯头的完好情况，登软梯前应做悬重试验
2	机械伤害	导地线断裂	（1）在导、地线上悬挂软梯、飞车进行等电位作业前，应检查本档两端杆塔处导、地线的紧固情况。 （2）作业前应确认导地线的受损情况，必要时应进行强度校验。 （3）线上作业人员的双保险不应系在同一位置。 （4）挂软梯的导地线截面积应符合规程的要求，在孤立档导地线上的作业应经计算合格，领导批准

续表

序号	危险类型	危险点	预控措施
2	机械伤害	作业过程中绝缘子断串	挂软梯前应先检查档距两端导线悬挂点绝缘子串金具的完好情况
		高处落物	工具材料应用绝缘绳索传递，小件物品应装袋，作业点正下方禁止人员逗留
3	高处坠落	登高及移位过程中发生高处坠落	攀登杆塔时，注意爬梯或脚钉是否牢固、可靠，安全带应系在牢固的构件上，检查扣环是否扣牢。杆上转移作业位置时，不得失去安全带保护
		作业过程中发生高处坠落	（1）安全带、后备保护绳，应分别系挂在不同的牢固构件上。 （2）等电位电工作业时，应在其上方（或相邻）的导地线上，挂防坠落后备保护绳
4	高电压	感应电刺激伤害	（1）在 330kV 及以上电压等级的线路杆塔上及变电站构架上作业，应采取防静电感应措施，例如，穿静电感应防护服、导电鞋等（220kV 线路杆塔上作业时宜穿导电鞋）。 （2）绝缘架空地线应视为带电体。作业前应用接地线将其可靠接地或采用等电位方式进行
		工具绝缘失效	（1）应定期试验合格。 （2）运输过程中妥善保管，避免受潮。 （3）使用时，操作人员应注意保持足够有效的绝缘长度。 （4）现场使用前应检查其绝缘电阻值不小于 700MΩ
		空气间隙击穿	（1）作业前应确认空气间隙满足安全距离的要求，对于无法确认的，应现场实测后确认后，方可进行作业。 （2）在传递尺寸较大材料和工具时，应有有效的控制措施。 （3）专责监护人应时刻注意和提醒操作人员动作幅度不能过大，注意安全距离
		短路	（1）挂软梯作业前应先查看导线对交叉跨越物的接近距离，必要时要进行弧垂计算。 （2）传递安装长度较长的补修条时应注意与接地体、邻相导线保持足够的安全距离
5	恶劣天气	气象条件不满足要求	不停电作业应在良好的天气下进行。如遇雷、雨、雪、雾不得进行不停电作业，风力大于 5 级时，一般不宜进行不停电作业
		天气突变	（1）作业前应事先了解天气情况，在作业现场工作负责人应时刻注意天气变化特别是夏季的雷雨。 （2）作业过程中发生天气突变时，在保证人员安全的前提下尽快撤离工具

注　在海拔 1000m 以上不停电作业时，应根据不同海拔高度，修正各类空气与固体绝缘的安全距离和长度、绝缘子片数等。

3．作业前准备

（1）作业方式：由地面登绝缘软梯进入 220kV 线路电场等电位，用预绞丝补修条修补导线。此方式适合于导线水平排列、三角形排列的两边相及垂直排列的下相上作业。

（2）人员组合：工作负责人（兼监护人）1 人、等电位电工 1 人、塔上电工 1 人、地面电工 2 人。

（3）主要工器具、材料表（软梯法带电修补导线），见表 4-8。

表 4-8　　主要工器具、材料（软梯法带电修补导线）

序号	工具名称	规格/型号	单位	数量	备注
1	绝缘绳	ϕ14mm	根	2	—
2	跟头滑车	5kN	个	1	—
3	绝缘滑车	5kN	个	1	—
4	绝缘绳套	ϕ10mm	根	2	—
5	绝缘操作杆	220kV 等级	根	1	—
6	绝缘软梯	15m	副	1	带登软梯后备保护绳
7	屏蔽服	II 型	套	2	—
8	防潮苫布	3m×3m	块	1	—
9	绝缘测试仪	ST2008	台	1	也可用绝缘电阻表
10	预绞丝补修条	—	组	1	—

4．作业步骤和质量标准

（1）按照不停电作业现场标准化流程完成准备工作。

（2）塔上电工携带绝缘绳登塔至横担适当位置，系好安全带，将绝缘滑车及绝缘绳在作业横担适当位置安装好。

（3）地面电工用绝缘传递绳将绝缘操作杆和跟头滑车传递给塔上电工。塔上电工使用绝缘操作杆，将带有绝缘绳的跟头滑车挑挂到需修补相的导线上。

（4）地面电工用绝缘绳将跟头滑车拉到作业位置，用绝缘绳将绝缘软梯挂到导线上（对于地形条件不好的地方，可由塔身附近悬挂软梯头，在横担上留有控制绳，等电位电工进入等电位后乘软梯滑至修补处进行修补）。

（5）等电位电工攀登软梯，地面电工控制软梯尾部。等电位电工攀登软梯至工作相导线下方约 0.6m 处，向工作负责人申请等电位，得到工作负责人同意后，快速接触抓住带电部位进入等电位，将安全带系在导线上。

（6）将受伤处线股处理平整，用 0 号砂纸将修补导线表面的氧化层进行打磨处理。

（7）地面电工用绝缘传递绳，将预绞丝修补条传递给等电位电工；修补时，预绞丝应与导线接触紧密，其中心应位于损伤最严重处并将其全部覆盖，且其修补长度不得小于 3 个节距。

（8）等电位电工向工作负责人申请脱离电位，许可后沿绝缘软梯回到地面。

（9）地面电工用绝缘绳将绝缘软梯传至地面后，将跟头滑车拉到绝缘子串挂点附近，塔上电工用绝缘操作杆将跟头滑车拆除并放至地面。

（10）塔上电工检查确认塔上无遗留工具后，汇报工作负责人，得到同意后携绝缘无极绳平稳下塔。

（11）按不停电作业现场标准化作业流程进行“工作终结”。

4.2.2 沿绝缘子进电场带电处理引流板发热

1．工作内容

输电线路导线连接点主要是采用引流连板及并沟线夹进行连接，经过一段时间运行后，个别引流连板及并沟线夹受螺栓松动、铝接触面氧化等因素的影响，导致引流连板、并沟线夹的接触电阻增大，当通过比较大的负荷电流时，线夹接触面局部区域温度升高，继而出现发红、金属熔化等现象，严重者可能烧断跳线造成事故，一旦出现这些情况常需要采用不停电作业的方法进行处理，以保证线路安全运行。图 4-11 为压缩型耐张线夹连接点过热图。

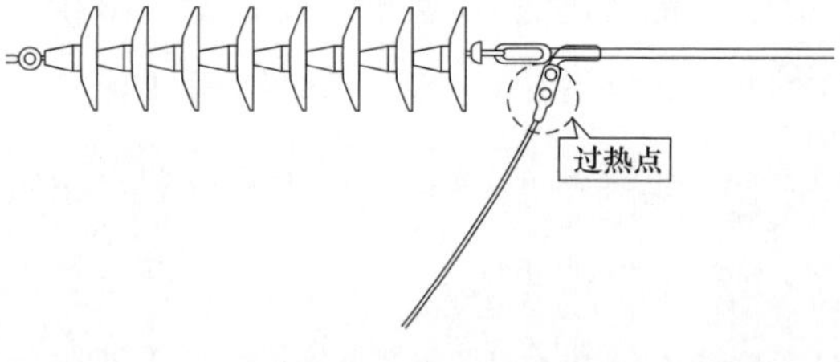

图 4-11 压缩型耐张线夹连接点过热图

导线连接点过热带电处理一般有连接点螺栓紧固、并沟线夹更换、并联分流导线、引流板接触面打磨处理等几种方式；除连接点螺栓紧固可采用地电位作业法外，其他一般采用等电位作业法，下文主要介绍使用并联分流导线进行连接点过热处理的作业方法，对于其他方法做简单的介绍。

2．作业方法

（1）连接点螺栓带电紧固。连接点螺栓带电紧固一般是将改装后的棘轮扳手安装在绝缘操作杆的端部，作业人员手持绝缘操作杆通过转动棘轮扳手对松动的螺栓进行紧固。此作业法的优点是作业人员处于地电位安全可靠性较高；工具简单操作方便，缺点是螺栓锈蚀、并沟线夹压板损坏、接触面氧化等因素会导致紧固的效果不理想。

（2）并沟线夹带电更换。运行中的耐张杆塔跳线并沟线夹出现压板破裂、接触面金属熔化等较严重的过热现象，采用螺栓带电紧固的方法难以处理时，就必须对过热的并沟线夹进行带电更换。并沟线夹带电更换一般采用等电位作业法，作业人员通过绝缘软梯或平梯进入电场到达作业位置后，先在发热线夹位置附近安装一个新的并沟线夹，再将过热的并沟线夹拆除。此作业方法一般适用于一根跳线中单个并沟线夹的局部过热。图 4-12 为并沟线夹带电更换图。

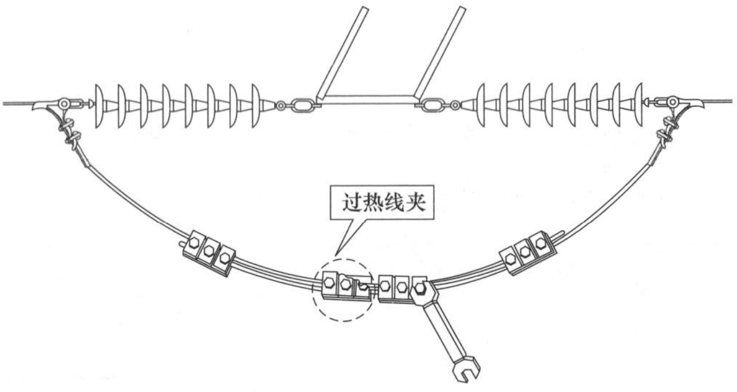

图 4-12　并沟线夹带电更换图

（3）带电安装并联分流导线。当压缩式耐张线夹的引流板的接触面因氧化等原因出现过热，紧固螺栓难以解决问题时，就需要采用等电位作业的方式，先在发热的线夹两端安装并联分流导线后，再打开引流板进行接触面打磨处理。当采用并沟线夹的耐张杆塔跳线严重过热，出现多处金属熔化、导线断股等情况时，一般也需要采用等电位作业的方式，跨过跳线上的所有过热点安装并联分流导线，在现场实际操作中并联分流导线可以长期安装在过热点位置，分流负荷电流降低发热点局部电阻。也可采取临时加装并联分流导线，打开引流板或并沟线夹进行处理，处理完成后，撤除临时加装的并联分流导线，恢复原有设备运行状态。图 4-13 为并联分流导线示意图。

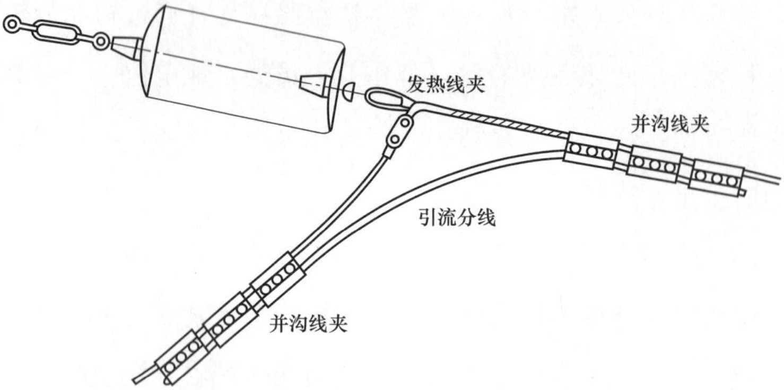

图 4-13　并联分流导线示意图

3．危险点分析和控制措施

表 4-9 为作业中需要注意的危险点分析及相应预控措施（沿绝缘子进电场带电处理引流板发热）。

表 4-9　　作业中需要注意的危险点分析及预控措施（沿绝缘子进电场带电处理引流板发热）

序号	危险类型	危险点	预控措施
1	工具失效	工具连接失效	作业前应认真检查软梯、软梯头的完好情况，登软梯前应做悬重试验
2	机械伤害	作业过程中绝缘子断串	挂软梯前应先检查档距两端导线悬挂点绝缘子串金具的完好情况
		导线断裂	挂软梯的导地线截面积应符合规程的要求，在孤立档导地线上的作业应经计算合格，领导批准
		高处落物	工具材料应用绝缘绳索传递，小件物品应装袋，作业点正下方禁止人员逗留
3	高处坠落	登高及移位过程中发生高处坠落	攀登杆塔时，注意爬梯或脚钉是否牢固、可靠，安全带应系在牢固的构件上，检查扣环是否扣牢。杆上转移作业位置时，不得失去安全带保护

续表

序号	危险类型	危险点	预控措施
3	高处坠落	作业过程中发生高处坠落	等电位电工作业时，应在其上方横担或相邻的导地线上，挂防坠落后备保护绳
4	触电	感应电刺激伤害	在 330kV 及以上电压等级的线路杆塔上及变电站构架上作业，应采取防静电感应措施，如穿静电感应防护服、导电鞋等（220kV 线路杆塔上作业时宜穿导电鞋）
		工具绝缘失效	（1）应定期试验合格。 （2）运输过程中妥善保管，避免受潮。 （3）使用时，操作人员应注意保持足够有效的绝缘长度。 （4）现场使用前应检查其绝缘阻值不小于 700MΩ
		空气间隙击穿	（1）作业前应确认空气间隙满足安全距离的要求，对于无法确认的，应现场实测后确认后，方可进行作业。 （2）等电位电工进电场过程中应尽量缩小身体的活动范围，以免造成组合间隙不足。等电位作业人员在电场中应注意与接地体和邻相导线保持安全距离
		短路	（1）挂软梯作业前应先查看导线对交叉跨越物的接近距离，必要时要进行弧垂计算。 （2）在传递、安装并联分流导线过程中，应严格控制人身、工器具、导线与邻相及塔身的安全距离，避免造成相间短路或接地短路
5	高温伤害	烫伤	等电位电工在作业过程中应避免直接接触发热点，防止烫伤
		电弧灼伤	等电位电工进电场作业前，应判断连接点过热后金属熔化或退火的情况，如温度过高应申请减少线路输送负荷，防止作业过程中连接点突然断开后电弧伤人
6	恶劣天气	气象条件不满足要求	不停电作业应在良好的天气下进行。如遇雷、雨、雪、雾不得进行不停电作业，风力大于 5 级时，一般不宜进行不停电作业
		天气突变	（1）作业前应事先了解天气情况，在作业现场工作负责人应时刻注意天气变化特别是夏季的雷雨。 （2）作业过程中发生天气突变时，在保证人员安全的前提下尽快撤离工具

注　在海拔 1000m 以上不停电作业时，应根据不同海拔高度，修正各类空气与固体绝缘的安全距离和长度、绝缘子片数等。

4．作业前的准备

（1）作业方式：使用绝缘软梯进入等电位采用并联分流导线进行连接点过热处理。

（2）人员组成：工作负责人（监护人）1 名、塔上电工 1 名、等电位电工 1 名、地面电工 2 名。

（3）主要工器具、材料（沿绝缘子进电场带电处理引流板发热），见表4-10。

表4-10　主要工器具、材料（沿绝缘子进电场带电处理引流板发热）

序号	工具名称	型号/规格	单位	数量	备注
1	绝缘软梯	15m	副	1	根据需要选择长度
2	屏蔽服	Ⅱ型	套	1	—
3	绝缘滑车	5kN	只	1	—
4	绝缘绳套	ϕ12×400	根	1	—
5	绝缘操作杆	3m	根	1	根据需要选择长度
6	绝缘绳	ϕ12mm	根	3	—
7	跟斗滑车		只	1	—
8	红外线热成像仪		台	1	—
9	导线		m		根据现场需要选择
10	并沟线夹		个	6	与线径配套
11	绝缘测试仪	ST2008	台	1	也可用绝缘电阻表
12	防潮苫布	3m×3m	块	1	—

5．作业步骤和质量标准

（1）按照不停电作业现场标准化流程完成准备工作。

（2）地面电工使用红外线成像仪对导线过热点进行温度检测及外观检查，当温升过高影响作业安全时，须申请降低线路负荷。

（3）塔上电工携带绝缘传递绳登塔至横担适当位置，系好安全带，将绝缘滑车及绝缘绳挂在相应位置。

（4）塔上电工用操作杆将带有绝缘绳的跟斗滑车挑挂在导线上。地面电工用绝缘绳将带有传递绳的绝缘软梯挂在导线靠近连接点过热处位置上；等电位作业电工穿全套屏蔽服，沿绝缘软梯由地面进入电场至作业点位置。

（5）等电位电工认真观察连接点过热情况，必要时先紧固过热线夹螺栓。等电位电工清除过热点两侧导线氧化层，地面电工将预圈好的分流导线及并沟线夹用绝缘绳传递至适当位置，等电位电工先将分流导线的一端用并沟线夹固定在导线上，依次安装三个并沟线夹。

（6）地面电工配合移动绝缘软梯，等电位电工逐渐将分流导线展放至引流线端，顺次安装另外三个并沟线夹。并沟线夹安装距离应均匀，安装并沟线夹处的导线应用 0 号砂纸将氧化层清除干净，露出铝股本色，并均匀涂抹导电膏，逐个均匀地拧紧连接螺栓。

（7）分流导线两端并沟线夹安装完毕检查无问题后，等电位电工由软梯下至地面。

（8）使用红外线成像仪对导线发热点进行温度复测，确定导线温升下降至正常值后，塔上电工配合地面电工拆除软梯、绝缘绳及跟斗滑车后下塔。

（9）按不停电作业现场标准化作业流程进行“工作终结”。图 4-14 为等电位安装分流导线处理连接点过热现场布置图。

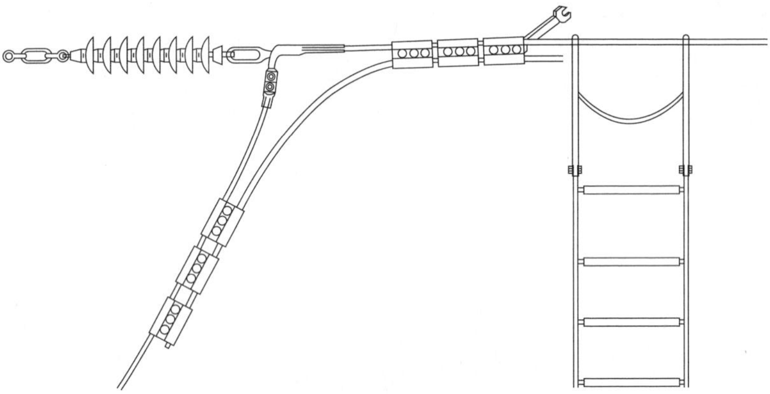

图 4-14　等电位安装分流导线处理连接点过热现场布置图

6．注意事项

（1）并联分流导线应呈近似悬链线状自然下垂，其对杆塔及拉线等的电气间隙必须符合规定要求。

（2）并沟线夹朝向应统一，螺栓穿向应一致，弹簧垫受力应平整，安装距离应均匀。

（3）在传递、安装并联分流导线过程中，应严格控制并联分流导线与邻相导线、塔身的安全距离，避免展开过程中造成相间短路或接地短路。

（4）在等电位电工安装并联分流导线的过程中，严禁同时接触未接通的或已断开的导线两个断头，防止人体串入电路造成人身伤害。

（5）进行连接点过热作业，等电位电工在作业过程中应避免直接接触发热点，防止烫伤。

4.2.3 断、接 110kV 空载线路引线

1．工作内容

带电断、接空载线路引线一般采用等电位作业法，下文主要介绍采用绝缘软梯进行等电位，使用消弧滑车和消弧绳断开 110kV 空载线路引线的作业方法。对于其他方法做简单的介绍。

（1）设备结构。断、接空载线路引线，就是在线路设备带电的情况下，通过断开或接通引线的方法将电网中的某一段空载线路断开停运或接上运行，类似于电网中断路器或隔离开关的拉、合。需进行带电断、接空载线路引线作业的设备，主要有导线呈三角、水平或垂直排列的耐张杆塔引流线以及两条“T”接线路之间的引线。图 4-15～图 4-18 为经常进行断、接空载线路引线杆塔示意图。

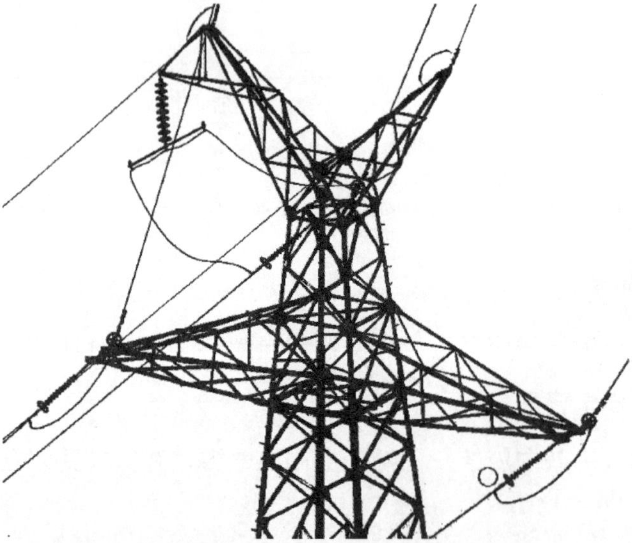

图 4-15 导线呈三角排列的单回路耐张塔

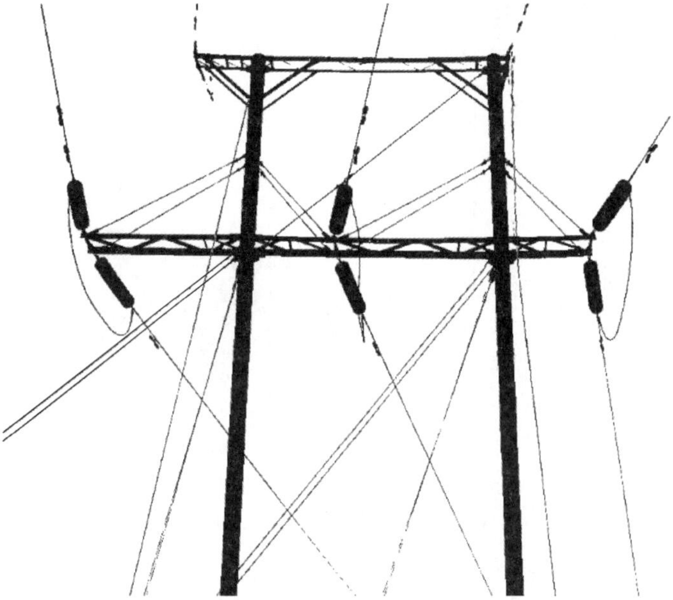

图 4-16　导线呈水平排列的单回路耐张杆

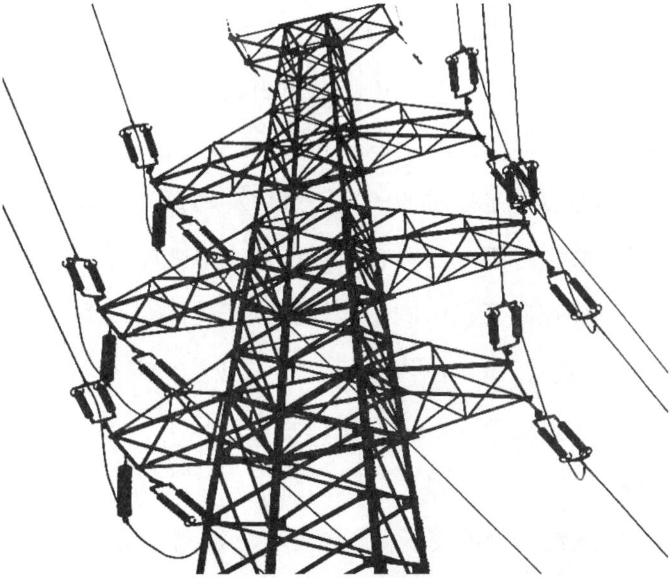

图 4-17　导线呈垂直排列的双回路耐张塔

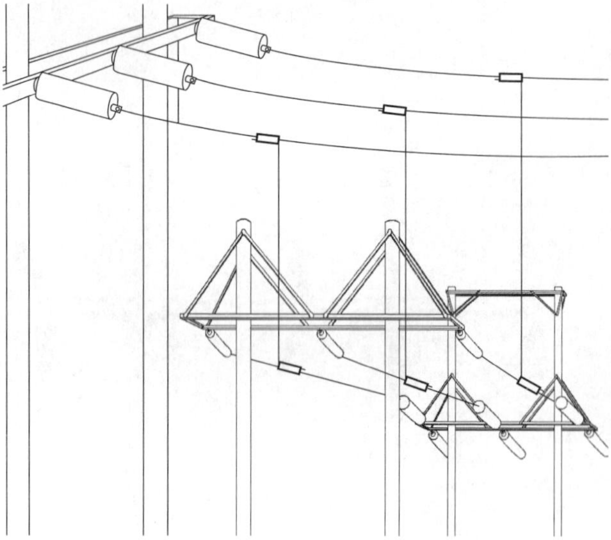

图 4-18　两条“T”接线路之间的引线

（2）作业方法。

1）采用消弧绳断、接空载线路引线，是较为常用的一种方法，一般采用等电位作业，作业时先在断开点两侧安装好消弧绳，并在空载线路侧的引线端头上设置绝缘控制绳，由地面电工通过消弧绳和绝缘控制绳快速地断开或接通引线的连接点熄灭电弧，由等电位电工负责引线连接点螺栓的拆卸或安装。

2）采用消弧开关断、接空载线路引线，一般是在空载线路电容电流较大，消弧绳的熄弧能力难以满足要求的情况下采用。消弧开关通常由灭弧室、动触头、静触头、触发装置等组成，具有较强的熄灭电弧能力，其使用方法与消弧绳相类似。作业时先在断开点两侧安装好消弧开关，通过消弧开关断开或接通引线的连接点熄灭电弧，由等电位电工负责引线连接点螺栓的拆卸或安装。图 4-19 为采用消弧开关断、接空载线路引线示意图。

（3）注意事项。带电断、接空载线路时，应确认线路另一端断路器和隔离开关确已断开，接入线路侧的变压器、电压互感器确已退出运行后，方可进行；带电断、接空载线路引线一般使用消弧绳，断、接线路的最大长度 110kV 不超过 10km，220kV 不超过 3km。线路长度包括分支线在内，有电缆的混合线路一般不宜使用消弧绳进行断、接。

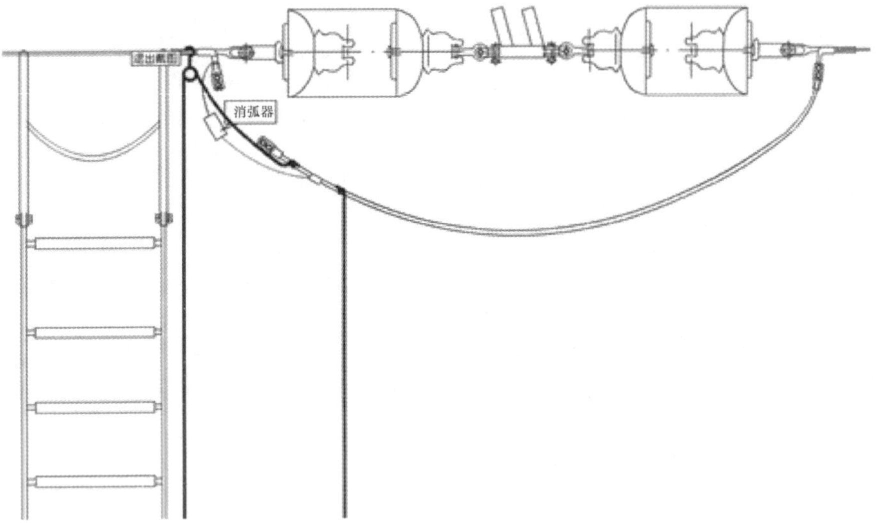

图 4-19　采用消弧开关断、接空载线路引线示意图

2．危险点分析和控制措施

表 4-11 为作业中需要注意的危险点分析及相应预控措施（断、接 110kV 空载线路引线）。

表 4-11　　　作业中需要注意的危险点分析及相应预控措施
（断、接 110kV 空载线路引线）

序号	危险类型	危险点	预控措施
1	工具失效	工具连接失效	作业前应认真检查软梯、软梯头的完好情况，登软梯前应做悬重试验
2	机械伤害	作业过程中绝缘子断串	挂软梯前应先检查档距两端导线悬挂点绝缘子串金具的完好情况
		导线断裂	挂软梯的导地线截面积应符合规程的要求，在孤立档导地线上的作业应经计算合格，领导批准
		高处落物	工具材料应用绝缘绳索传递，小件物品应装袋，作业点正下方禁止人员逗留
3	高处坠落	登高及移位过程中发生高处坠落	攀登杆塔时，注意爬梯或脚钉是否牢固、可靠，安全带应系在牢固的构件上，检查扣环是否扣牢。杆上转移作业位置时，不得失去安全带保护
		作业过程中发生高处坠落	等电位电工作业时，应在其上方（或相邻）的导地线上，挂防坠落后备保护绳

续表

序号	危险类型	危险点	预控措施
4	高电压	感应电刺激伤害	作业人员要接触未接通或已断开的引线前应先接地
		工具绝缘失效	（1）应定期试验合格。 （2）运输过程中妥善保管，避免受潮。 （3）使用时，操作人员应戴防汗手套，并注意保持足够有效的绝缘长度。 （4）现场使用前应用绝缘测试仪器检查其绝缘阻值不小于 700MΩ
		空气间隙击穿	（1）作业前应确认空气间隙满足安全距离的要求。 （2）等电位电工进电场过程中应尽量缩小身体的活动范围，以免造成组合间隙不足。等电位作业人员在电场中应注意与接地体和邻相导线保持安全距离
		短路	（1）断接耐张杆引流线时可使用操作杆控制引线，断接两条线路间的“T”接引线时可在引线上绑几条控制绳加以控制，防止引线摆动过大造成相间短路或单相失地。 （2）在安装和拆除消弧绳时应注意防止消弧绳的金属部分造成短路
		带负荷或带接地断接引线	（1）接空载线路前应检查并确认所有与待接线路相连的断路器均已断开，所有固定、临时接地均已拆除。 （2）拆空载线路前应检查并确认线路受电侧的断路器已断开，线路处于空载状态
		消弧工具被空载电流烧断	（1）线路断接引前应计算线路的空载电容电流，以选择相应的消弧工具。 （2）采用消弧绳断接空载线路时 110kV 电压等级最长线路长度为 10km。 （3）用消弧绳拉上和断开引线时动作要迅速，以便迅速熄灭电弧
		人体串入空载电路	（1）断接引线要用专用消弧工具，引线断接瞬间等电位人员要离连接点一定距离。 （2）接引线时应先接好引线后拆除消弧工具，拆引线时应先装好消弧工具后拆引线。等电位人员不得同时接触已断开或未接通的引线两端头
		电弧伤害	等电位作业人员应戴护目镜，在进行引线断、接操作瞬间，作业人员应距断开点 4m 以外
5	恶劣天气	气象条件不满足要求	不停电作业应在良好的天气下进行。如遇雷、雨、雪、雾不得进行不停电作业，风力大于 5 级时，一般不宜进行不停电作业
		天气突变	（1）作业前应事先了解天气情况，在作业现场工作负责人应时刻注意天气变化特别是夏季的雷雨。 （2）作业过程中发生天气突变时，在保证人员安全的前提下尽快撤离工具

注 在海拔 1000m 以上不停电作业时，应根据不同海拔高度，修正各类空气与固体绝缘的安全距离和长度、绝缘子片数等。

3．作业准备

（1）作业方式：使用消弧绳采用绝缘软梯等电位作业法断开 110kV 空载线路引线。

（2）人员组成：工作负责人（监护人）1 名、等电位电工 1 名、塔上电工 1 名、地面电工 2 名。

（3）主要工器具、材料（断、接 110kV 空载线路引线），见表 4-12。

表 4-12　　主要工器具、材料（断、接 110kV 空载线路引线）

序号	工具名称	型号/规格	单位	数量
1	绝缘软梯	—	副	1
2	消弧绳	—	根	1
3	屏蔽服	I 型	套	1
4	护目眼镜	—	副	1
5	消弧滑车	—	只	1
6	绝缘滑车	5kN	只	1
7	绝缘绳套	ϕ12×400	根	1
8	绝缘操作杆	3m	副	1
9	绝缘绳	ϕ12mm	根	3
10	跟斗滑车	—	只	1

4．作业步骤和质量标准

（1）按照不停电作业现场标准化流程完成准备工作。

（2）等电位电工及塔上电工携带绝缘传递绳登塔，在横担的适当位置挂好安全带，装好绝缘滑车、传递绳。

（3）地面电工利用传递绳将穿好绝缘绳的跟斗滑车及绝缘操作杆传至杆塔上。塔上电工利用绝缘操作杆将跟斗滑车挂在作业相电源侧导线上，并与地面电工互相配合，安装好绝缘软梯。

（4）等电位电工由地面沿软梯进入电场，地面电工将绝缘绳、消弧滑车、消弧绳（装入工具袋），传递给等电位电工。

（5）等电位电工将消弧滑车、消弧绳、绝缘拉绳安装好（带电断开 110kV

空载线路引线图如图 4-20 所示）。

（6）地面电工控制好消弧绳尾绳，等电位电工卸下耐张线夹引流板螺栓后退出电场回到地面。

（7）塔上电工用绝缘操作杆控制引线摆动，地面两名电工，一名电工控制住消弧绳尾绳，一名电工控制住绝缘拉绳，在工作负责人的指挥下，一拉一松通过消弧绳将引线断开。

（8）塔上电工将空载侧无电引线先接地后，拆除消弧绳和绝缘拉绳，将引线端头固定在横担上。

（9）塔上与地面电工相互配合，拆除消弧滑车、软梯，利用传递绳传回地面，该相断引工作结束。

（10）塔上电工利用绝缘操作杆拆除消弧滑车挂到另外一相导线上，重复上述操作步骤，断开另外两相引流线。

（11）断开三相引流线作业完成后，拆除工具，人员下塔。

（12）按不停电作业现场标准化作业流程进行“工作终结”。

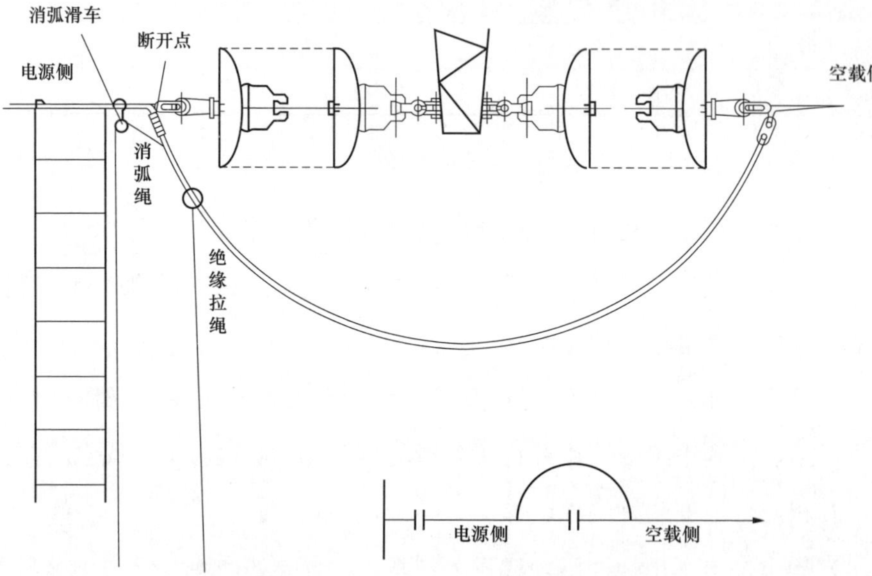

图 4-20 带电断开 110kV 空载线路引线图

第5章　配网（中压）不停电典型作业项目及安全注意事项

5.1　第一类不停电作业

5.1.1　绝缘杆作业法普通消缺及装拆附件

绝缘杆作业法普通消缺及装拆附件包括修剪树枝、清除异物、扶正绝缘子、拆除退役设备；加装或拆除接触设备套管、故障指示器、驱鸟器等。

1．操作步骤

（1）修剪树枝。

1）杆上电工判断树枝离带电体的安全距离是否满足要求，无法满足时需采取有效的绝缘遮蔽隔离措施。

2）杆上电工使用修剪刀修剪树枝，树枝高出导线的，应用绝缘绳固定，需修剪的树枝，或使之倒向远离线路的方向。

3）地面电工配合将修剪的树枝放至地面。

（2）清除异物。

1）杆上电工判断拆除异物时的安全距离是否满足要求，无法满足时需采取有效的绝缘遮蔽隔离措施。

2）杆上电工拆除异物时，需站在上风侧，需采取措施防止异物落下伤人等。

3）地面电工配合将异物放至地面。

（3）扶正绝缘子。

1）杆上电工判断扶正绝缘子时的安全距离是否满足要求，对不能满足安全距离的带电体及接地体进行绝缘遮蔽。

2）作业人员使用绝缘套筒操作杆紧固绝缘子螺母。

3）作业完成后取下绝缘套筒操作杆。

4）扶正绝缘子可按先易后难的原则进行。

5）检查杆上无遗留物，作业人员返回地面。

（4）拆除退役设备。

1）杆上电工判断拆除废旧设备离带电体的安全距离是否满足要求，无法满足时需采取有效的绝缘遮蔽隔离措施。

2）杆上电工拆除废旧设备时，需采取措施防止废旧设备落下伤人等。

3）地面电工配合将拆除废旧设备放至地面。

（5）加装接触设备套管。

1）杆上电工判断安装绝缘套管时的安全距离是否满足要求，无法满足时需采取有效的绝缘遮蔽隔离措施。

2）使用绝缘操作杆将绝缘套管安装工具安装到内边相导线上。

3）1 号电工使用绝缘夹钳将绝缘套管安装到绝缘套管安装工具的导入槽上。

4）2 号电工使用另一把绝缘夹钳推动绝缘套管到相应导线上，绝缘套管之间应紧密连接，使用绝缘夹钳将绝缘套管开口向下。

5）其余两相按相同方法进行。

6）绝缘套管安装完毕后，拆除绝缘套管安装工具。

7）安装绝缘套管可按先易后难的原则进行。

8）检查杆上无遗留物，作业人员返回地面。

（6）拆除接触设备套管。

1）杆上电工判断拆除绝缘套管时的安全距离是否满足要求，无法满足时需采取有效的绝缘遮蔽隔离措施。

2）使用绝缘操作杆将绝缘套管安装工具安装到中相导线上。

3）1 号电工使用绝缘夹钳将绝缘套管开口向上，拉到绝缘套管安装工具的导入槽上。

4）2 号电工使用另一把绝缘夹钳拽动绝缘套管到绝缘套管安装工具的导入槽上，使绝缘套管顺绝缘套管安装工具的导入槽导出。

5）其余两相按相同方法进行。

6）绝缘套管拆除完毕后，拆除绝缘套管安装工具。

7）拆除绝缘套管可按先难后易的原则进行。

8）检查杆上无遗留物，作业人员返回地面。

（7）加装故障指示器。

1）杆上电工判断安装故障指示器时的安全距离是否满足要求，无法满足时需采取有效的绝缘遮蔽隔离措施。

2）作业人员使用安装好故障指示器的故障指示器安装工具，垂直于导线向上推动安装工具将故障指示器安装到相应的导线上。

3）故障指示器安装完毕后，撤下故障指示器安装工具。

4）其余两相按相同方法进行。

5）检查杆上无遗留物，作业人员返回地面。

（8）拆除故障指示器。

1）杆上电工判断拆除故障指示器时的安全距离是否满足要求，无法满足时需采取有效的绝缘遮蔽隔离措施。

2）作业人员使用故障指示器安装工具，垂直于导线向上推动安装工具，将其锁定到故障指示器上，并确认锁定牢固。

3）垂直向下拉动安装工具将故障指示器脱离导线。

4）其余两相按相同方法进行。

5）检查杆上无遗留物，作业人员返回地面。

（9）加装驱鸟器。

1）杆上电工判断安装驱鸟器时的安全距离是否满足要求，无法满足时需采取有效的绝缘遮蔽隔离措施。

2）作业人员使用驱鸟器的安装工具，将驱鸟器安装到横担的预定位置上，撤下安装工具。驱鸟器螺栓应预留横担厚度距离。

3）使用绝缘套筒操作杆旋紧驱鸟器两螺栓。

4）按相同方法完成其余驱鸟器的安装。

5）检查杆上无遗留物，作业人员返回地面。

（10）拆除驱鸟器。

1）作业人员使用绝缘套筒操作杆旋松驱鸟器上的两个固定螺栓。

2）作业人员使用驱鸟器的安装工具，锁定待拆除的驱鸟器，拆除驱鸟器。

3）按相同方法完成其余驱鸟器的拆除工作。

4）检查杆上无遗留物，作业人员返回地面。

2．安全措施及注意事项

（1）杆上电工到达作业位置，作业前应得到工作监护人的许可。

（2）在作业时，如需使用绝缘斗臂车配合作业，应落实相关的安全措施和安全注意事项。作业过程中绝缘工具金属部分应与接地体保持足够的安全距离。

（3）杆上电工登杆作业应正确使用安全带。作业线路下层有低压线路同杆并架时，如妨碍作业，应对作业范围内的相关低压线路采用绝缘遮蔽措施。

（4）上、下传递工具、材料均应使用绝缘绳传递，严禁抛掷。

5.1.2 绝缘杆作业法更换避雷器

1．操作步骤

（1）杆上电工穿戴好绝缘防护用具，携带绝缘传递绳，登杆至避雷器横担下适当位置。

（2）杆上电工使用验电器对绝缘子、避雷器、横担进行验电，确认无漏电现象。

（3）杆上电工用绝缘操作杆按照“从近到远、从下到上、先带电体后接地体”的遮蔽原则对不能满足安全距离的带电体和接地体进行绝缘遮蔽。

（4）用绝缘操作杆将内侧避雷器引流线拆除，避雷器退出运行。

（5）其余两相避雷器退出运行按相同的方法进行。三相避雷器引流线拆除的顺序可按先近后远，或根据现场情况先两侧、后中间。

（6）杆上电工更换三相避雷器。

（7）杆上电工使用绝缘操作杆将中相避雷器引流线连接至线路，避雷器投入运行。

（8）其余两相避雷器投入运行按相同的方法进行。三相避雷器引流线的连接顺序可按先远后近，或根据现场情况先中间、后两侧。

（9）杆上电工按照“从远到近、从上到下、先接地体后带电体”的原则拆除绝缘遮蔽。

（10）检查导线和杆上无遗留物后，返回地面。

2．安全措施及注意事项

（1）作业人员在拆除避雷器引流线前应得到工作监护人的许可。

（2）作业过程中绝缘工具金属部分应与接地体保持足够的安全距离。

（3）杆上电工登杆作业应正确使用安全带。

（4）作业线路下层有低压线路同杆并架时，如妨碍作业，应对作业范围内的相关低压线路采用绝缘遮蔽措施。

（5）在同杆架设线路上工作，与上层线路小于安全距离规定且无法采取安全措施时，不得进行该项工作。

（6）在作业时，要注意避雷器引线与横担及邻相引线的安全距离。

（7）新装避雷器需查验试验报告合格并使用绝缘测试仪确认绝缘性能完好。

（8）上、下传递工具、材料均应使用绝缘绳传递，严禁抛掷。

5.1.3 绝缘杆作业法带电断引流线

绝缘杆作业法带电断引流线包括熔断器上引线、分支线路引线、耐张杆引流线。

1．操作步骤

（1）断熔断器上引线。

1）杆上电工穿戴好绝缘防护用具，携带绝缘传递绳，登杆至适当位置。

2）杆上电工使用验电器对绝缘子、横担进行验电，确认无漏电现象。

3）杆上电工在地面电工的配合下，用绝缘操作杆按照“从近到远、从下到上、先带电体后接地体”的遮蔽原则对不能满足安全距离的带电体和接地体进行绝缘遮蔽。

4）杆上电工使用绝缘锁杆锁住待断的上引线，并用线夹安装工具固定线夹。

5）杆上电工使用绝缘套筒扳手拧松线夹。

6）杆上电工使用线夹安装工具使线夹脱离主导线。

7）杆上电工使用绝缘锁杆将上引线缓缓放下，用绝缘断线钳在熔断器上接线柱处剪断上引线。

8）其余两相引线拆除按相同的方法进行，三相引线拆除的顺序按先两边相，再中间相的顺序进行。如上引线与主导线由于安装方式和锈蚀等原因不易拆除，可直接在主导线搭接位置处剪断。

9）杆上电工按照“从远到近、从上到下、先接地体后带电体”的原则拆除绝缘遮蔽。检查杆上无遗留物，作业人员方可返回地面。

（2）断分支线路引线。

1）杆上电工穿戴好绝缘防护用具，携带绝缘传递绳，登杆至适当位置。

2）杆上电工使用验电器对绝缘子、横担进行验电，确认无漏电现象。用钳形电流表检测分支线路电流，确认空载。

3）杆上电工用绝缘操作杆按照“从近到远、从下到上、先带电体后接地体”的遮蔽原则对不能满足安全距离的带电体和接地体进行绝缘遮蔽。

4）杆上电工使用绝缘锁杆锁住待断线路引线。

5）杆上电工使用绝缘杆断线剪在分支线路引线与主导线的连接处将引线剪断。

6）杆上电工使用绝缘锁杆将分支线路引线平稳地移离主导线。

7）杆上电工使用绝缘杆断线剪在分支线路耐张线夹处将引线剪断并取下。

8）其余两相引线拆除按相同的方法进行，三相引线拆除的顺序按先两边相，再中间相的顺序进行。

9）杆上电工按照“从远到近、从上到下、先接地体后带电体”的原则拆除绝缘遮蔽。检查杆上无遗留物，作业人员方可返回地面。

（3）断耐张杆引流线。

1）杆上电工穿戴好绝缘防护用具，携带绝缘传递绳，登杆至适当位置。

2）杆上电工使用验电器对绝缘子、横担进行验电，确认无漏电现象。用钳形电流表检测分支线路电流，确认空载。

3）杆上电工在地面电工配合下按照“从近到远、从下到上、先带电体后接地体”的遮蔽原则对作业范围内不能满足安全距离的带电体和接地体进行绝缘遮蔽。

4）杆上电工使用绝缘锁杆锁住待断的耐张杆引流线。

5）杆上电工使用绝缘杆断线剪将耐张杆引流线在电源侧耐张线夹处剪断。

6）杆上电工使用绝缘锁杆将耐张杆引流线向下平稳地移离带电导线。

7）杆上电工使用绝缘杆断线剪将耐张杆引流线在负荷侧耐张线夹处剪断并取下。

8）其余两相引流线拆除按相同的方法进行，三相耐张杆引流线拆除的顺序可按先两边相，再中间相的顺序进行。

9）杆上电工按照“从远到近、从上到下、先接地体后带电体”的原则拆除绝缘遮蔽。检查杆上无遗留物，作业人员方可返回地面。

2．安全措施及注意事项

（1）工作人员使用绝缘工具在接触带电导线前应得到工作监护人的许可。

（2）断分支线路引线、耐张杆引流线，空载电流应不大于 0.1A。

（3）在作业时，要注意带电导线与横担及邻相导线的安全距离。

（4）断引线应按先易后难的原则。

（5）在所断线路三相引线未全部拆除前，已拆除的引线应视为有电。

（6）在使用绝缘断线剪断引线时，应有防止断开的引线摆动碰及带电设备的措施。

5.1.4　绝缘杆作业法带电接引流线

绝缘杆作业法带电接引流线包括熔断器上引线、分支线路引线、耐张杆引流线。

1．操作步骤

（1）熔断器上引线。

1）杆上电工穿戴好绝缘防护用具，携带绝缘传递绳，登杆至合适工作位置。

2）杆上电工使用验电器对绝缘子、横担进行验电，确认无漏电现象。

3）杆上电工在地面电工配合下将绝缘操作杆和绝缘遮蔽用具分别传至杆上，杆上电工利用绝缘操作杆按照“从近到远、从下到上、先带电体后接地体”的遮蔽原则对作业范围内不能满足安全距离的带电体和接地体进行绝缘遮蔽。

4）杆上电工检查三相熔断器安装应符合验收规范要求。

5）杆上电工使用绝缘测量杆测量三相上引线长度，由地面电工做好上引线。

6）杆上电工将三根上引线一端安装在熔断器上接线柱，并妥善固定。

7）杆上电工先用导线清扫刷对三相导线的搭接处进行清除氧化层工作。

8）杆上电工用绝缘锁杆锁住上引线另一端后提升上引线，将其固定在距离横担0.6～0.7m的主导线上。

9）杆上电工使用线夹安装工具安装线夹。

10）杆上电工使用绝缘杆套筒扳手将线夹螺栓拧紧，使引线与导线可靠连接，然后撤除绝缘锁杆。

11）其余两相熔断器上引线连接按相同的方法进行。三相熔断器引线连接应按先中相、后边相的顺序进行。

12）杆上电工和地面电工配合将绝缘工器具吊至地面，检查杆上无遗留物后，杆上电工方可返回地面。

（2）分支线路引线。

1）杆上电工穿戴好绝缘防护用具，携带绝缘传递绳，登杆至合适工作位置。

2）杆上电工使用验电器对绝缘子、横担进行验电，确认无漏电现象。

3）杆上电工在地面电工配合下将绝缘操作杆和绝缘遮蔽用具分别传至杆上，杆上电工利用绝缘操作杆按照“从近到远、从下到上、先带电体后接地体”装设遮蔽的原则对不能满足安全距离的近边相带电体和接地体进行绝缘遮蔽。

其余两相绝缘遮蔽按相同方法进行。

4）杆上电工使用绝缘测量杆测量三相引线长度，根据长度做好连接前的准备工作，若待接引流线为绝缘线，应在引流线端头部分剥除三相待接引流线的绝缘外皮。

5）杆上电工调整位置至耐张横担下方，并与带电线路保持 0.4m 以上安全距离，以最小范围打开中相绝缘遮蔽，用导线清扫刷清除连接处导线上的氧化层。如导线为绝缘线，应先剥除绝缘外皮，再清除连接处导线上的氧化层。

6）杆上电工使用绝缘操作杆在中相导线合适位置上安装并沟线夹，连接牢固后，迅速恢复绝缘遮蔽。

7）其余两相引线连接按相同方法进行。三相引线连接，可按由复杂到简单、先难后易的原则进行，先中间相、后远边相，最后近边相，也可视现场实际情况从远到近依次进行。

8）工作结束后，杆上电工按照“从远到近、从上到下、先接地体后带电体”的原则拆除绝缘遮蔽。检查杆上无遗留物后，作业人员方可返回地面。

（3）接耐张杆引流线。

1）杆上电工穿戴好绝缘防护用具，携带绝缘传递绳，登杆至合适工作位置。

2）杆上电工使用验电器对绝缘子、横担进行验电，确认无漏电现象。

3）杆上电工在地面电工配合下将绝缘操作杆和绝缘遮蔽用具分别传至杆上，杆上电工利用绝缘操作杆按照“从近到远、从下到上、先带电体后接地体”装设遮蔽的原则对不能满足安全距离的近边相带电体和接地体进行绝缘遮蔽。其余两相绝缘遮蔽按相同方法进行。

4）杆上电工使用绝缘测量杆测量三相上引线长度。如待接引流线为绝缘线，应在引流线端头部分剥除三相待接引流线的绝缘外皮。

5）杆上电工调整位置至耐张横担下方，并与带电线路保持 0.4m 以上安全距离，以最小范围打开中相绝缘遮蔽，用导线清扫刷清除连接处导线上的氧化层。如导线为绝缘线，应先剥除绝缘外皮，再清除连接处导线上的氧化层。

6）杆上电工安装接续线夹，连接牢固后，迅速恢复绝缘遮蔽。如为绝缘线应恢复接续线夹处的绝缘并密封。

7）其余两相引线连接按相同方法进行。三相引线连接，可按由复杂到简单、先难后易的原则进行，先中间相、后远边相，最后近边相，也可视现场实际情况从远到近依次进行。

8）工作结束后，杆上电工按照“从远到近、从上到下、先接地体后带电体”的原则拆除绝缘遮蔽。检查杆上无遗留物后，作业人员方可返回地面。

2．安全措施及注意事项

（1）工作人员使用绝缘工具在接触带电导线前应得到工作监护人的许可。

（2）杆上电工登杆作业应正确使用安全带。

（3）作业时，要注意带电导线与横担及邻相导线的安全距离。

（4）安装绝缘遮蔽时应按照“由近及远、由低到高”的原则依次进行，拆除时与此相反。

（5）作业线路下层有低压线路同杆并架时，如妨碍作业，应对作业范围内的相关低压线路采用绝缘遮蔽措施。

（6）在同杆架设线路上工作，与上层线路小于安全距离规定且无法采取安全措施时，不得进行该项工作。

5.2 第二类不停电作业

5.2.1 绝缘手套法普通消缺及装拆附件

绝缘手套法普通消缺及装拆附件包括清除异物、扶正绝缘子、修补导线及调节导线弧垂、处理绝缘导线异响、拆除退役设备、更换拉线、拆除非承力拉线；加装接地环；加装或拆除接触设备套管、故障指示器、驱鸟器等。

1．操作步骤

（1）清除异物。

1）斗内电工将绝缘斗调整至近边相导线适当位置，按照“从近到远、从下到上、先带电体后接地体”的遮蔽原则对作业范围内的所有带电体和接地体进行绝缘遮蔽，其余两相绝缘遮蔽按照相同方法进行。

2）斗内电工拆除异物时，需站在上风侧，应采取措施防止异物落下伤人等。

3）地面电工配合将异物放至地面。

4）工作结束后按照“从远到近、从上到下、先接地体后带电体”拆除遮蔽的原则拆除绝缘遮蔽，绝缘斗退出有电工作区域，作业人员返回地面。

（2）扶正绝缘子。

1）斗内电工将绝缘斗调整至近边相导线适当位置，按照“从近到远、从下到上、先带电体后接地体”的遮蔽原则对作业范围内的所有带电体和接地体进行绝缘遮蔽。

2）斗内电工扶正绝缘子，紧固绝缘子螺栓。

3）如需扶正中间相绝缘子，则两边相和中间相不能满足安全距离带电体和接地体均需进行绝缘遮蔽。

4）工作结束后，按照“从远到近、从上到下、先接地体后带电体”拆除遮蔽的原则拆除绝缘遮蔽，绝缘斗退出有电工作区域，作业人员返回地面。

（3）修补导线。

1）斗内电工将绝缘斗调整至导线修补点附近适当位置，观察导线损伤情况并汇报工作负责人，由工作负责人决定修补方案。

2）斗内电工按照“从近到远、从下到上、先带电体后接地体”的遮蔽原则对作业范围内的所有带电体和接地体进行绝缘遮蔽。

3）斗内电工按照工作负责人所列方案对损伤导线进行修补。

4）导线修补工作结束后，按照“从远到近、从上到下、先接地体后带电体”拆除遮蔽的原则拆除绝缘遮蔽，绝缘斗退出有电工作区域，作业人员返回地面。

（4）调节导线弧垂。

1）斗内电工将绝缘斗调整至近边相导线适当位置，按照“从近到远、从下到上、先带电体后接地体”的遮蔽原则对作业范围内的所有带电体和接地体进行绝缘遮蔽，其余两相绝缘遮蔽按照相同方法进行。

2）斗内电工将绝缘斗调整到近边相导线外侧适当位置，将绝缘绳套安装在耐张横担上，安装绝缘紧线器，收紧导线，并安装防止跑线的后备保护绳。

3）斗内电工根据工作负责人指挥调整导线弧垂。

4）其余两相调节导线弧垂工作按相同方法进行。

5）工作结束后，按照“从远到近、从上到下、先接地体后带电体”拆除遮蔽的原则拆除绝缘遮蔽隔离措施，绝缘斗退出有电工作区域，作业人员返回地面。

（5）处理绝缘导线异响。

1）斗内电工穿戴好绝缘防护用具，进入绝缘斗，挂好安全带保险钩。

2）斗内电工将绝缘斗调整到适当位置，判断放电异响位置，并进行验电。

3）斗内电工操作绝缘斗定位于距缺陷部位合适位置。

4）斗内电工使用验电器对线路中的耐张绝缘子、横担等进行验电。

5）若检测出耐张绝缘子带电，则应在缺陷电杆电源侧寻找可断、接引流线处，进行带电断引流线作业，再对此缺陷杆进行停电处理。

6）若检测出悬式绝缘子不带电、耐张线夹带电，在绝缘导线处查找缺陷具体位置。

7）斗内电工将绝缘斗调整至近边相导线适当位置，按照“从近到远、从下到上、先带电体后接地体”的遮蔽原则对作业范围内的所有带电体和接地体进行绝缘遮蔽，其余两相绝缘遮蔽按照相同方法进行。

8）斗内电工以最小范围分别打开横担遮蔽和缺陷相导线遮蔽，安装好绝缘紧线器并收紧使导线不承载，同时安装好绝缘保险绳，迅速恢复遮蔽。

9）斗内电工确认绝缘紧线器承力无误后，打开耐张线夹处绝缘遮蔽，拆除耐张线夹与导线固定的紧固螺栓。

10）斗内电工观察缺陷情况，使用绝缘自粘带对导线绝缘破损缺陷部位进行包缠，使导线恢复绝缘性能。

11）将恢复绝缘性能的导线与耐张线夹可靠固定，并检查确认缺陷已消除，迅速恢复遮蔽。

12）斗内电工操作绝缘紧线器使悬式绝缘子逐渐承力，确认无误后，取下绝缘紧线器和绝缘保险绳，迅速恢复遮蔽。

13）斗内电工采用上述方法对其他缺陷相进行处理。

（6）拆除退役设备。

1）斗内电工将绝缘斗调整至近边相导线适当位置，按照“从近到远、从下到上、先带电体后接地体”的遮蔽原则对作业范围内的所有带电体和接地体进行绝缘遮蔽，其余两相绝缘遮蔽按照相同方法进行。

2）斗内电工拆除退役设备时，需采取措施防止退役设备落下伤人等。

3）地面电工配合将退役设备放至地面。

4）工作结束后按照“从远到近、从上到下、先接地体后带电体”拆除遮蔽的原则拆除绝缘遮蔽，绝缘斗退出有电工作区域，作业人员返回地面。

（7）更换拉线。

1）斗内电工穿戴好绝缘防护用具，进入绝缘斗，挂好安全带保险钩。

2）斗内电工将绝缘斗调整至适当位置，对绝缘子、横担等设备进行验电，确认无漏电现象。

3）斗内电工按照“从近到远、从下到上、先带电体后接地体”的遮蔽原则对作业范围内的所有带电体和接地体进行绝缘遮蔽。

4）斗内电工打开需要更换拉线抱箍位置的绝缘遮蔽。

5）地面电工使用绝缘绳将新的拉线抱箍和拉线分别传递给斗内电工。传递拉线时地面电工用绝缘绳控制拉线方向。

6）斗内电工在旧抱箍下方安装新拉线抱箍和拉线，安装好后立即恢复绝缘遮蔽。

7）斗内电工操作绝缘斗至安全区域。

8）施工配合人员站在绝缘垫上，使用紧线器收紧拉线，并进行新拉线UT楔形线夹的制作。

9）施工配合人员检查新拉线受力无问题后拆除新拉线上的紧线器。

10）施工配合人员站在绝缘垫上，使用紧线器收紧旧拉线，缓慢松开旧拉线UT线夹螺栓，使拉线不承力。

11）斗内电工操作绝缘斗至旧拉线抱箍处，打开绝缘遮蔽，拆除旧拉线及抱箍，并使用绝缘传递绳将旧拉线和拉线抱箍分别传递至地面。传递拉线时地面电工用绝缘绳控制拉线方向。

12）施工配合人员拆除旧拉线的紧线器。

13）斗内电工检查拉线与带电体安全距离及杆上施工质量满足要求。

（8）拆除非承力拉线。

1）斗内电工穿戴好绝缘防护用具，进入绝缘斗，挂好安全带保险钩。

2）斗内电工将绝缘斗调整至近边相导线外侧适当位置，对绝缘子、横担进行验电，确认无漏电现象。

3）斗内电工按照“从近到远、从下到上、先带电体后接地体”的遮蔽原则对作业范围内的所有带电体和接地体进行绝缘遮蔽。

4）施工配合人员站在绝缘垫上，使用紧线器收紧拉线。

5）确认拉线不受力后，拆除下楔形线夹与拉线棍的连接，缓慢放松紧线器。

6）斗内电工操作绝缘斗至工作位置，打开拉线抱箍与楔形线夹连接处的绝缘遮蔽。斗内电工拆除拉线抱箍与上楔形线夹的连接后立即恢复拉线抱箍遮蔽。

7）斗内电工使用绝缘传递绳将拉线传至地面，拆除拉线抱箍。

（9）加装接地环。

1）斗内电工将绝缘斗调整至近边相导线下，按照“从近到远、从下到上、先带电体后接地体”的遮蔽原则对作业范围内的所有带电体和接地体进行绝缘遮蔽。

2）其余两相绝缘遮蔽按照相同方法进行。

3）斗内电工将绝缘斗调整到中间相导线下侧，安装验电接地环。

4）其余两相验电接地环安装工作按相同方法进行（应先中间相、后远边相、最后近边相顺序，也可视现场实际情况由远到近依次进行）。

5）工作结束后，按照“从远到近、从上到下、先接地体后带电体”拆除绝缘遮蔽的原则拆除杆上绝缘遮蔽，绝缘斗退出有电工作区域，作业人员返回地面。

（10）加装接触设备套管。

1）斗内电工将绝缘斗调整至近边相导线适当位置，按照“从近到远、从下到上、先带电体后接地体”的遮蔽原则对作业范围内的所有带电体和接地体进行绝缘遮蔽，其余两相绝缘遮蔽按照相同方法进行。

2）斗内电工将绝缘套管安装到相应导线上，绝缘套管之间应紧密连接，绝缘套管开口向下。

3）其余两相按相同方法进行。

4）工作结束后按照“从远到近、从上到下、先接地体后带电体”拆除遮蔽的原则拆除绝缘遮蔽，绝缘斗退出有电工作区域，作业人员返回地面。

（11）拆除接触设备套管。

1）斗内电工将绝缘斗调整至近边相导线适当位置，按照“从近到远、从下到上、先带电体后接地体”的遮蔽原则对作业范围内的所有带电体和接地体进行绝缘遮蔽，其余两相绝缘遮蔽按照相同方法进行。

2）斗内电工将绝缘斗调整至中间相适当位置，将绝缘套管开口向上，拉到绝缘套管安装工具的导入槽上，拆除中间相导线上绝缘套管。

3）其余两相按相同方法进行。拆除绝缘套管应按照先中间相、再远边相、最后近边相的顺序进行。

4）工作结束后，按照“从远到近、从上到下、先接地体后带电体”拆除遮蔽的原则拆除绝缘遮蔽，绝缘斗退出有电工作区域，作业人员返回地面。

（12）加装故障指示器。

1）斗内电工将绝缘斗调整至近边相导线下，按照“从近到远、从下到上、先带电体后接地体”的遮蔽原则对作业范围内的所有带电体和接地体进行绝缘遮蔽。

2）其余两相绝缘遮蔽按照相同方法进行。

3）斗内电工将绝缘斗调整到中间相导线下侧，将故障指示器安装在导线上，安装完毕后拆除中间相绝缘遮蔽措施。其余两相按相同方法进行。

4）加装故障指示器应先中间相、再远边相、最后近边相顺序，也可视现场实际情况由远到近依次进行。

5）工作结束后，按照“从远到近、从上到下、先接地体后带电体”拆除遮蔽的原则拆除绝缘遮蔽隔离措施，绝缘斗退出有电工作区域，作业人员返回地面。

（13）拆除故障指示器。

1）斗内电工将绝缘斗调整至近边相导线下，按照“从近到远、从下到上、先带电体后接地体”的遮蔽原则对作业范围内的所有带电体和接地体进行绝缘遮蔽。

2）其余两相绝缘遮蔽按照相同方法进行。

3）斗内电工将绝缘斗调整到中间相导线下侧，将故障指示器拆除，拆除完毕后拆除中间相绝缘遮蔽措施。其余两相按相同方法进行。

4）拆除故障指示器应先中间相、再远边相、最后近边相顺序，也可视现场实际情况由远到近依次进行。

5）工作结束后按照“从远到近、从上到下、先接地体后带电体”拆除遮蔽的原则拆除绝缘遮蔽。绝缘斗退出有电工作区域，作业人员返回地面。

（14）加装驱鸟器。

1）斗内电工将绝缘斗调整至近边相导线下，按照“从近到远、从下到上、先带电体后接地体”的遮蔽原则对作业范围内的所有带电体和接地体进行绝缘遮蔽。

2）其余两相绝缘遮蔽按照相同方法进行。

3）斗内电工将绝缘斗调整到需安装驱鸟器的横担处，将驱鸟器安装到横担上，并紧固螺栓。

4）加装驱鸟器应按照先远后近的顺序，也可视现场实际情况由近到远依次进行。

5）工作结束后，按照“从远到近、从上到下、先接地体后带电体”拆除遮蔽的原则拆除绝缘遮蔽，绝缘斗退出有电工作区域，作业人员返回地面。

（15）拆除驱鸟器。

1）斗内电工将绝缘斗调整至近边相导线下，按照“从近到远、从下到上、先带电体后接地体”的遮蔽原则对作业范围内的所有带电体和接地体进行绝缘遮蔽。

2）其余两相绝缘遮蔽按照相同方法进行。

3）斗内电工将绝缘斗调整到需拆除驱鸟器的横担处，松开驱鸟器螺栓，将驱鸟器取下。

4）拆除驱鸟器应按照先远后近的顺序，也可视现场实际情况由近到远依次进行。

5）工作结束后，按照“从远到近、从上到下、先接地体后带电体”拆除遮蔽的原则拆除绝缘遮蔽隔离措施，绝缘斗退出有电工作区域，作业人员返回地面。

2．安全措施及注意事项

（1）作业人员在接触带电导线和换相工作前应得到工作监护人的许可。

（2）作业人员应认真检查导线损伤情况，工作负责人决定相应的修补方案、遮蔽措施及防断线安全措施。

（3）较长绑线在移动过程中或在一端进行绑扎时，应采取防止绑线接近邻近有电设备的安全措施。

（4）作业时，严禁人体同时接触两个不同的电位体；绝缘斗内双人工作时禁止两人接触不同的电位体。

（5）斗臂车绝缘斗在有电工作区域转移时，应缓慢移动，动作要平稳；绝缘斗臂车作业时，发动机不能熄火（电能驱动型除外），以保证液压系统处于工作状态。

（6）在操作绝缘斗移动时，应防止与电杆、导线、周围障碍物、邻近绝缘斗臂车碰擦。

（7）作业线路下层有低压线路同杆并架时，如妨碍作业，应对作业范围内的相关低压线路采取绝缘遮蔽措施。

（8）在加装中间相故障指示器或中间相验电接地环时，作业人员应位于中间相与遮蔽相导线之间。

（9）根据导线损伤情况，由工作负责人决定是否采取防止作业过程中导线断线的安全措施。

5.2.2 绝缘手套法辅助加装或拆除绝缘遮蔽

1．操作步骤

（1）装设绝缘遮蔽。

1）斗内电工将绝缘斗调整至近边相导线适当位置，按照“从近到远、从下到上、先带电体后接地体”的遮蔽原则对作业范围内的所有带电体和接地体进行绝缘遮蔽。

2）其余两相按相同方法进行。

3）绝缘遮蔽用具的安装，可按由简单到复杂、先易后难的原则进行，先近（内侧）后远（外侧），或根据现场情况先两边相、后中间相。遮蔽用具之间的重叠部分不得小于150mm。

4）绝缘斗退出有电工作区域，作业人员返回地面。

（2）拆除绝缘遮蔽。

1）斗内电工将绝缘斗调整至中间相适当位置，将中间相的绝缘遮蔽用具拆除。

2）其余两相按相同方法进行。

3）绝缘遮蔽用具的拆除，按照“从远到近、从上到下、先接地体后带电体”的原则拆除绝缘遮蔽；可由复杂到简单、先难后易的原则进行，先中间相、后远边相，最后近边相，也可视现场实际情况从远到近依次进行。

4）绝缘斗退出有电工作区域，作业人员返回地面。

2．安全措施及注意事项

（1）作业时，严禁人体同时接触两个不同的电位体；绝缘斗内双人工作时禁止两人接触不同的电位体。

（2）斗臂车绝缘斗在有电工作区域转移时，应缓慢移动，动作要平稳；绝缘斗臂车作业时，发动机不能熄火（电能驱动型除外），以保证液压系统处于工作状态。

（3）在操作绝缘斗移动时，应防止与电杆、导线、周围障碍物、邻近绝缘斗臂车碰擦。

（4）作业线路下层有低压线路同杆并架时，如妨碍作业，应对作业范围内的相关低压线路采取绝缘遮蔽措施。

5.2.3　绝缘手套法带电更换避雷器

1．操作步骤

（1）斗内电工穿戴好绝缘防护用具，进入绝缘斗，挂好安全带保险钩。

（2）斗内电工将绝缘斗调整至三相避雷器外侧适当位置，使用验电器对绝缘子、避雷器、横担进行验电，确认无漏电现象。

（3）斗内电工按照“从近到远、从下到上、先带电体后接地体”的遮蔽原则对作业范围内的所有带电体和接地体进行绝缘遮蔽。

（4）斗内电工将绝缘斗调整至避雷器横担下适当位置，使用绝缘断线剪将近边相避雷器引线从主导线（或其他搭接部位）拆除，妥善固定引线。

（5）其余两相避雷器退出运行按相同方法进行三相避雷器接线器的拆除，可按由简单到复杂、先易后难的原则进行，先近（内侧）后远（外侧），或根据现场情况先两边相、后中间相。

（6）斗内电工更换新避雷器，在避雷器接线柱上安装好引线并妥善固定，恢复绝缘遮蔽隔离措施。

（7）斗内电工将绝缘斗调整至避雷器横担下适当位置，安装三相避雷器接地线，将中间相避雷器上引线与主导线进行搭接。

（8）其余两相避雷器上引线与主导线的搭接按相同的方法进行。三相避雷器上引线与主导线的搭接，可按由复杂到简单、先难后易的原则进行，先远（外侧）后近（内侧），或根据现场情况先中间相、后两边相。

（9）工作结束后，按照“从远到近、从上到下、先接地体后带电体”的原则拆除绝缘遮蔽，绝缘斗退出有电工作区域，作业人员返回地面。

2．安全措施及注意事项

（1）作业人员在接触带电导线和换相工作前应得到工作监护人的许可。

（2）作业时，严禁人体同时接触两个不同的电位体；绝缘斗内双人工作时禁止两人接触不同的电位体。

（3）在作业时，要注意避雷器引线与横担及邻相引线的安全距离。

（4）作业中及时恢复绝缘遮蔽隔离措施。

（5）拆避雷器引线宜先从与主导线或其他搭接部位拆除，防止带电引线突然弹跳。

（6）作业过程中禁止摘下绝缘防护用具。

5.2.4 绝缘手套法带电断引流线

绝缘手套法带电断引流线包括：熔断器上引线、分支线路引线、耐张杆引流线。

1．操作步骤

（1）断熔断器上引线。

1）斗内电工穿戴好绝缘防护用具，进入绝缘斗，挂好安全带保险钩。

2）斗内电工将绝缘斗调整至适当位置，使用验电器对绝缘子、横担进行验电，确认无漏电现象。

3）斗内电工将绝缘斗调整至近边相导线外侧适当位置，按照“从近到远、从下到上、先带电体后接地体”的遮蔽原则对作业范围内的所有带电体和接地体进行绝缘遮蔽。

4）其余两相绝缘遮蔽按相同方法进行。三相熔断器遮蔽顺序应先两边相、再中间相。

5）斗内电工调整工作斗至近边相合适位置，用绝缘锁杆将熔断器上引线临时固定在主导线上，然后拆除线夹。

6）斗内电工调整工作位置后，用绝缘锁杆将上引线线头脱离主导线，妥善固定。恢复主导线绝缘遮蔽。

7）其余两相断开熔断器上引线拆除工作按相同方法进行。三相熔断器上引线的拆除顺序应先两边相、再中间相。

8）如导线为绝缘线，熔断器上引线拆除后应恢复导线的绝缘。

9）工作完毕后，按照“从远到近、从上到下、先接地体后带电体”的原则拆除绝缘遮蔽，绝缘斗退出有电工作区域，作业人员返回地面。

（2）断分支线路引线。

1）斗内电工穿戴好绝缘防护用具，进入绝缘斗，挂好安全带保险钩。

2）斗内电工将绝缘斗调整至适当位置，使用验电器对绝缘子、横担进行验电，确认无漏电现象；检测分支线路引线确已空载。

3）斗内电工将绝缘斗调整到近边相外侧适当位置，按照“从近到远、从下到上、先带电体后接地体”的遮蔽原则对作业范围内的所有带电体和接地体进行绝缘遮蔽。其余两相绝缘遮蔽按照相同方法进行。

4）斗内电工将绝缘斗调整到近边相导线外侧适当位置，使用绝缘锁杆将分支线路引线线头与主导线临时固定后，拆除接续线夹。

5）斗内电工转移绝缘斗位置，用绝缘锁杆将已断开的分支线路引线线头脱离主导线，临时固定在分支线路同相导线上。如断开支线引线不需恢复，可在支线耐张线夹处剪断。

6）其余两相引线拆除工作按相同方法进行。拆除引线次序可按照先近边相、后远边相、最后中间相，也可视现场情况由近到远依次进行。

7）如导线为绝缘线，引流线拆除后应恢复导线的绝缘。

8）断分支线路引线工作结束后，按照“从远到近、从上到下、先接地体后带电体”的原则拆除绝缘遮蔽，绝缘斗退出有电工作区域，返回地面。

（3）断耐张引线。

1）斗内电工穿戴好绝缘防护用具，进入绝缘斗，挂好安全带保险钩。

2）斗内电工将绝缘斗调整至带电导线横担下侧适当位置，使用验电器对绝缘子、横担进行验电，确认无漏电现象，检测耐张杆引流线确已空载。

3）斗内电工将绝缘斗调整到近边相外侧适当位置，按照“从近到远、从下到上、先带电体后接地体”的遮蔽原则对作业范围内的所有带电体和接地体进行绝缘遮蔽。其余两相绝缘遮蔽按照相同方法进行。

4）斗内电工将绝缘斗调整到近边相导线外侧适当位置，拆除接续线夹。

5）斗内电工调整绝缘斗位置，将已断开的耐张杆引流线线头脱离电源侧带电导线，临时固定在同相负荷侧导线上。如断开的引流线不需恢复，可在电源侧耐张线夹外200mm处剪断。

6）其余两相引线拆除工作按相同方法进行。拆除引线次序可按照先近边相、后远边相、最后中间相，也可视现场情况由近到远依次进行。

7）如导线为绝缘线，拆开线夹后应恢复导线的绝缘。

8）断耐张杆引流线工作结束后，按照“从远到近、从上到下、先接地体后带电体”的原则拆除绝缘遮蔽，绝缘斗退出有电工作区域，返回地面。

2．安全措施及注意事项

（1）断分支线路引线、耐张杆引流线，空载电流应不大于0.1A，大于0.1A时应使用专用的消弧开关。

（2）作业人员在接触带电导线和换相作业前应得到工作监护人的许可。

（3）在作业时，要注意带电引线与横担及邻相导线的安全距离。

（4）当三相导线三角排列时且横担较短，宜在近边相外侧拆除中间相引线；当三相导线水平排列时，作业人员宜位于中间相与遮蔽相导线之间。

（5）在所断线路三相引线未全部拆除前，已拆除的引线应视为有电。

5.2.5 绝缘手套法带电接引流线

绝缘手套法带电接引流线包括熔断器上引线、分支线路引线、耐张杆引流线。

1．操作步骤

（1）接熔断器上引线。

1）斗内电工穿戴好绝缘防护用具，进入绝缘斗，挂好安全带保险钩。

2）斗内电工将工作斗调整至带电导线横担下侧适当位置，使用验电器对绝缘子、横担进行验电，确认无漏电现象。

3）斗内电工将绝缘斗调整至近边相导线外侧适当位置，按照“从近到远、从下到上、先带电体后接地体”的遮蔽原则对作业范围内的所有带电体和接地体进行绝缘遮蔽。其余两相绝缘遮蔽按相同方法进行。

4）斗内电工将绝缘斗调整至熔断器横担下方，并与有电线路保持 0.4m 以上安全距离，用绝缘测量杆测量三相引线长度，根据长度做好连接的准备工作。

5）斗内电工将绝缘斗调整到中间相导线下侧适当位置，清除连接处导线上的氧化层。

6）斗内电工将熔断器上引线与主导线进行可靠连接，恢复接续线夹处的绝缘及密封，并迅速恢复绝缘遮蔽。

7）其余两相引线连接按相同方法进行。三相熔断器引线连接，可按由复杂到简单、先难后易的原则进行，先中间相、后远边相，最后近边相，也可视现场实际情况从远到近依次进行。

8）工作结束后，按照“从远到近、从上到下、先接地体后带电体”的原则拆除绝缘遮蔽，绝缘斗退出有电工作区域，作业人员返回地面。

（2）接分支线路引线。

1）斗内电工穿戴好绝缘防护用具，进入绝缘斗，挂好安全带保险钩。

2）斗内电工将绝缘斗调整至带电导线横担下侧适当位置，使用验电器对绝缘子、横担进行验电，确认无漏电现象。

3）斗内电工将绝缘斗调整至近边相导线外侧适当位置，按照“从近到远、从下到上、先带电体后接地体”的遮蔽原则对作业范围内的所有带电体和接地体进行绝缘遮蔽。其余两相绝缘遮蔽按相同方法进行。

4）斗内电工将绝缘斗调整至分支线路横担下方，测量三相待接引线长度，根据长度做好连接的准备工作。如待接引流线为绝缘线，应在引流线端头部分剥除三相待接引流线的绝缘外皮。

5）斗内电工将绝缘斗调整到中间相导线下侧适当位置，以最小范围打开中相绝缘遮蔽，用导线清扫刷清除连接处导线上的氧化层。如导线为绝缘线，应先剥除绝缘外皮再进行清除连接处导线上的氧化层。

6）斗内电工安装接续线夹，连接牢固后，恢复接续线夹处的绝缘及密封，并迅速恢复绝缘遮蔽。

7）其余两相引线连接按相同方法进行。三相引线连接，可按由复杂到简单、先难后易的原则进行，先中间相、后远边相，最后近边相，也可视现场实际情况从远到近依次进行。

8）工作结束后，按照“从远到近、从上到下、先接地体后带电体”的原则拆除绝缘遮蔽，绝缘斗退出有电工作区域，作业人员返回地面。

（3）接耐张引线。

1）斗内电工穿戴好绝缘防护用具，进入绝缘斗，挂好安全带保险钩。

2）斗内电工将工作斗调整至带电导线横担下侧适当位置，使用验电器对绝缘子、横担进行验电，确认无漏电现象。

3）斗内电工将绝缘斗调整至近边相导线外侧适当位置，按照“从近到远、从下到上、先带电体后接地体”的遮蔽原则对作业范围内的所有带电体和接地体进行绝缘遮蔽。其余两相绝缘遮蔽按相同方法进行。

4）斗内电工将绝缘斗调整至耐张横担下方，测量三相待接引线长度，根据长度做好连接的准备工作。如待接引流线为绝缘线，应在引流线端头部分剥除三相带接引流线的绝缘外皮。

5）斗内电工将绝缘斗调整到中间相导线下侧适当位置，以最小范围打开中相绝缘遮蔽，用导线清扫刷清除连接处导线上的氧化层。如导线为绝缘线，应先剥除绝缘外皮再清除连接处导线上的氧化层。

6）斗内电工安装接续线夹，连接牢固后，如为绝缘线应恢复接续线夹处的绝缘及密封，并迅速恢复绝缘遮蔽。

7）其余两相引线连接按相同方法进行。三相引线连接，可按由复杂到简单、先难后易的原则进行，先中间相、后远边相，最后近边相，也可视现场实际情况从远到近依次进行。

8）工作结束后，按照“从远到近、从上到下、先接地体后带电体”的原则拆除绝缘遮蔽，绝缘斗退出有电工作区域，作业人员返回地面。

2．安全措施及注意事项

（1）作业时，严禁人体同时接触两个不同的电位体。

（2）绝缘斗内双人工作时禁止两人接触不同的电位体。

（3）作业人员在接触带电导线和换相作业前应得到工作监护人的许可。

（4）待接引流线如为绝缘线，剥皮长度应比接续线夹长 2cm，且端头应有防止松散的措施。

5.2.6　绝缘手套法带电更换熔断器

1．操作步骤

（1）斗内电工穿戴好全套绝缘防护用具，进入绝缘斗内，挂好安全带保险钩。

（2）斗内电工将绝缘斗调整至三相熔断器外侧适当位置，使用验电器对绝缘子、横担进行验电，确认无漏电现象。

（3）斗内电工将绝缘斗调整至近边相熔断器上引线外侧适当位置，按照“从近到远、从下到上、先带电体后接地体”的遮蔽原则对作业范围内的所有带电体和接地体进行绝缘遮蔽。

（4）其余两相绝缘遮蔽按相同方法进行。三相的绝缘遮蔽次序应先两边相、再中间相。

（5）斗内电工在中相熔断器前方，以最小范围打开绝缘遮蔽，拆除熔断器上桩头引线螺栓。调整绝缘斗位置后将断开的上引线端头可靠固定在同相上引线上，并恢复绝缘遮蔽。

（6）斗内电工拆除熔断器下桩头引线螺栓，更换熔断器。斗内电工对新安装熔断器进行分合情况检查，最后将熔断器置于拉开位置，连接好下引线。

（7）斗内电工将绝缘斗调整到中间相上引线合适位置，打开绝缘遮蔽，将熔断器上桩头引线螺栓连接好，并迅速恢复中相绝缘遮蔽。

（8）其余两相熔断器的更换按相同方法进行。拆除三相上桩头引线螺栓，可按由简单到复杂、先易后难的原则进行，根据现场情况先中间、后两侧。

2．安全措施及注意事项

（1）作业人员在接触带电导线和换相工作前应得到工作监护人的许可。

（2）作业时，严禁人体同时接触两个不同的电位体；绝缘斗内双人工作时禁止两人接触不同的电位体。

（3）斗臂车绝缘斗在有电工作区域转移时，应缓慢移动，动作要平稳；绝缘斗臂车作业时，发动机不能熄火（电能驱动型除外），以保证液压系统处于工作状态。

（4）在操作绝缘斗移动时，应防止与电杆、导线、周围障碍物、邻近绝缘斗臂车碰擦。

（5）作业线路下层有低压线路同杆并架时，如妨碍作业，应对作业范围内的相关低压线路采取绝缘遮蔽措施。

5.2.7 绝缘手套法带电更换直线杆绝缘子

1．操作步骤

（1）车用绝缘横担法。

1）斗内电工将绝缘斗返回地面，由地面电工协助在吊臂上组装绝缘横担返回中间相导线下准备支撑导线。

2）斗内电工调整吊臂使中间相导线置于绝缘横担上的滑轮内，然后扣好保险环。

3）斗内电工操作将绝缘支杆缓缓上升，使绝缘横担受力；斗内电工拆除导线绑扎线；恢复绝缘导线绝缘遮蔽；缓缓支撑起中间相导线并锁定绝缘横担，提升高度应不小于 0.4m。

4）斗内电工更换绝缘子，并对新安装绝缘子进行绝缘遮蔽。

5）斗内电工操作将绝缘横担缓缓下降，使中间相导线下降至中间相绝缘子顶槽内，使用绑扎线将中间相导线固定在绝缘子上，恢复绝缘遮蔽，打开绝缘横担滑轮保险，操作吊臂使绝缘横担缓缓脱离导线。其余两相按相同方法进行。

（2）绝缘小吊臂法。

1）斗内电工将导线遮蔽罩旋转，使其开口朝上，将绝缘绳套套在导线遮蔽罩上，使用绝缘小吊钩勾住绝缘绳套，并确认可靠。

2）取下绝缘子遮蔽罩，拆除绝缘子绑扎线。拆除绑扎线后，操作绝缘小吊臂起吊导线使其脱离绝缘子，提升高度应不小于0.4m，搭接导线遮蔽罩。

3）更换绝缘子后，迅速恢复绝缘子底部的绝缘遮蔽。

4）操作绝缘小吊臂，降落导线，将搭接在一起的导线遮蔽罩分开，将导线落下至绝缘子顶部线槽内。

5）使用绝缘子绑扎线将导线与绝缘子固定牢固，剪去多余的绑扎线，迅速恢复绝缘遮蔽。其余两相绝缘子按相同方法进行。

2．安全措施及注意事项

（1）作业人员在接触带电导线和换相工作前应得到工作监护人的许可。

（2）作业时，严禁人体同时接触两个不同的电位体；绝缘斗内双人工作时禁止两人接触不同的电位体。

（3）提升导线前及提升过程中，应检查两侧电杆上的绝缘子绑扎线是否牢靠，如有松动、脱线现象，应重新绑扎加固后方可进行作业。

（4）提升和下降导线时，要缓缓进行，以防止导线晃动，避免造成相间短路。

（5）提升和下降导线时，绝缘小吊绳应与导线垂直，避免导线横向受力。

5.2.8 绝缘手套法带电更换直线杆绝缘子及横担

1．操作步骤

（1）斗内电工穿戴好全套绝缘防护用具，进入绝缘斗内，挂好安全带保险钩。

（2）斗内电工将绝缘斗调整至带电导线横担下侧适当位置，使用验电器对绝缘子、横担进行验电，确认无漏电现象。

（3）斗内电工将绝缘斗调整到近边相导线外侧适当位置，按照“从近到远、从下到上、先带电体后接地体”的遮蔽原则对作业范围内的所有带电体和接地体进行绝缘遮蔽。其余两相遮蔽按相同方法进行，绝缘遮蔽次序按照先近边相、后远边相、最后中间相。

（4）斗内电工互相配合，在电杆高出横担约 0.4m 的位置安装绝缘横担。

（5）斗内电工将绝缘斗调整到近边相外侧适当位置，使用绝缘斗小吊绳固定导线，收紧小吊绳，使其受力。

（6）斗内电工拆除绝缘子绑扎线，调整吊臂提升导线使近边相导线置于临时支撑横担上的固定槽内，然后扣好保险环。

（7）远边相按照相同方法进行。

（8）斗内电工互相配合拆除旧绝缘子及横担，安装新绝缘子及横担，并对新安装绝缘子及横担设置绝缘遮蔽。

（9）斗内电工调整绝缘斗到远边相外侧适当位置，使用小吊绳将远边相导线缓缓放入已新安装绝缘子顶槽内，使用绑扎线固定，恢复绝缘遮蔽。

（10）近边相按照相同方法进行。

（11）斗内电工互相配合拆除杆上临时支撑横担。

2．安全措施及注意事项

（1）作业人员在接触带电导线和换相工作前应得到工作监护人的许可。

（2）作业时，严禁人体同时接触两个不同的电位体；绝缘斗内双人工作时禁止两人接触不同的电位体。

（3）如对横担验电发现有电，禁止继续实施本项目。

（4）提升导线前及提升过程中，应检查两侧电杆上的导线绑扎线是否牢靠，如有松动、脱线现象，应重新绑扎加固后方可进行作业。

（5）提升和下降导线时，要缓缓进行，以防止导线晃动，避免造成相间短路；地面的绝缘绳索固定应可靠牢固，避免松动。

5.2.9 绝缘手套法带电更换耐张杆绝缘子串

1．操作步骤

（1）斗内电工穿戴好绝缘防护用具，进入绝缘斗，挂好安全带保险钩。

（2）斗内电工将绝缘斗调整至带电导线横担下侧适当位置，使用验电器对绝缘子、横担进行验电，确认无漏电现象。

（3）斗内电工将绝缘斗调整到近边相导线外侧适当位置，按照“从近到远、从下到上、先带电体后接地体”的遮蔽原则对作业范围内的所有带电体和接地体进行绝缘遮蔽，其余两相绝缘遮蔽按照相同方法进行。

（4）斗内电工将绝缘斗调整到近边相导线外侧适当位置，将绝缘绳套安装在耐张横担上，安装绝缘紧线器，在紧线器外侧加装后备保护绳。

（5）斗内电工收紧导线至耐张绝缘子松弛，并拉紧后备保护绝缘绳套。

（6）斗内电工脱开耐张线夹与耐张绝缘子串之间的弯头挂板。恢复耐张线夹处的绝缘遮蔽措施。

（7）斗内电工拆除旧耐张绝缘子，安装新耐张绝缘子，并进行绝缘遮蔽。

（8）斗内电工将耐张线夹与耐张绝缘子连接安装好，恢复绝缘遮蔽。

（9）斗内电工松开后备保护绝缘绳套并放松紧线器，使绝缘子受力后，拆下紧线器、后备保护绳套及绝缘绳套。

（10）工作结束后，按照“从远到近、从上到下、先接地体后带电体”的原则拆除绝缘遮蔽。绝缘斗退出有电工作区域，作业人员返回地面。

2．安全措施及注意事项

（1）作业人员在接触带电导线和换相工作前应得到工作监护人的许可。

（2）验电发现横担有电，禁止继续实施本项作业。

（3）用绝缘紧线器收紧导线后，后备保护绳套应收紧固定。

（4）拔除、安装耐张线夹与耐张绝缘子连接的碗头挂板时，横担侧绝缘子及横担应有严密的绝缘遮蔽措施；在横担上拆除、挂接绝缘子串时，包括耐张线夹等导线侧带电导体应有严密的绝缘遮蔽措施。

（5）作业时，严禁人体同时接触两个不同的电位体；绝缘斗内双人工作时禁止两人接触不同的电位体。

（6）斗臂车绝缘斗在有电工作区域转移时，应缓慢移动，动作要平稳；绝缘斗臂车作业时，发动机不能熄火（电能驱动型除外），以保证液压系统处于工作状态。

（7）耐张绝缘子上应使用耐张遮蔽罩或绝缘毯进行绝缘遮蔽，应注意由于绝缘遮蔽用具或个人绝缘防护用具绝缘不良防止短接良好绝缘子。

5.2.10 绝缘手套法带电更换柱上开关或隔离开关

1．操作步骤

（1）带电更换隔离开关。

1）斗内电工调整绝缘斗至近边相合适位置处，将柱上隔离开关引线从主导线上拆开，并妥善固定。恢复主导线处绝缘遮蔽措施（带有避雷器的隔离开关引线，应用绝缘锁杆临时固定引线和主导线，待拆除接续线夹后，调整绝缘斗位置后将引线脱离主导线。如隔离开关引线从耐张线夹引出，在加装遮蔽措施后，可从隔离开关接线柱拆开引线，将引线固定在同相主导线上，加装绝缘遮蔽措施）。

2）其余两相隔离开关按照相同的方法拆除引线。

3）一辆绝缘斗臂车斗内电工将绝缘吊臂调整至柱上隔离开关上方合适位置。

4）斗内电工相互配合更换柱上隔离开关，并进行分、合试操作调试，然后将柱上隔离开关置于断开位置。

5）斗内电工调整绝缘斗在柱上隔离开关相间、两侧各自桩头上加装绝缘挡板。

6）斗内电工相互配合恢复中间相柱上隔离开关引线（带有避雷器的隔离开关引线，应用绝缘锁杆临时将引线固定在主导线后再搭接）。恢复新安装柱上隔离开关的绝缘遮蔽措施。

7）其余两相柱上隔离开关更换按照相同方法进行。

（2）带电更换柱上开关。

1）斗内电工调整绝缘斗至中间相合适位置处，将柱上负荷开关两侧引线从主导线上拆开，并妥善固定。恢复主导线处绝缘遮蔽措施。

2）其余两相隔离开关按照相同的方法拆除引线。

3）1 号斗臂车内的斗内电工在负荷开关上安装绝缘绳套，使用绝缘吊臂在上方吊起柱上负荷开关。

4）2 号斗臂车内的斗内电工拆除负荷开关固定螺栓，使负荷开关脱离固定支架。

5）1号斗臂车内的斗内电工操作绝缘吊臂缓慢将柱上负荷开关放至地面。

6）安装新的柱上负荷开关，确认无误后，将中间相两侧引线接至中间相主导线上。恢复新安装柱上负荷开关的绝缘遮蔽。

7）其余两相柱上负荷开关引线按照相同方法搭接。

2．安全措施及注意事项

（1）作业人员在接触带电导线和换相工作前应得到工作监护人的许可。

（2）验电发现横担有电，禁止继续实施本项作业。

（3）作业时，严禁人体同时接触两个不同的电位体；绝缘斗内双人工作时禁止两人接触不同的电位体。

（4）本项目柱上隔离开关桩头对地距离不满足要求，须进行绝缘遮蔽或加装绝缘隔离挡板。

（5）吊装、放下柱上隔离开关、柱上负荷开关应平稳。

（6）验电发现隔离开关安装支架带电，禁止继续实施本项作业。

（7）如隔离开关支柱绝缘子机械损伤，拆引线时应用锁杆妥善固定，并应采取防高空落物的措施。

（8）在拆除有配网自动化的柱上负荷开关时，需将操动机构转至“OFF”位置，待更换完成后再行恢复“AUTO”位置。

（9）应查验柱上负荷开关的试验报告，并进行绝缘检测和试操作检查。

5.3　第三类不停电作业

5.3.1　绝缘杆作业法带电更换直线杆绝缘子

1．操作步骤

（1）杆上电工穿戴好绝缘防护用具，携带绝缘传递绳索登杆至带电线路下方适当位置，使用验电器对绝缘子、横担进行验电，确认无漏电现象。

（2）杆上电工相互配合使用绝缘操作杆依次对两边相导线、绝缘子和横担设置绝缘遮蔽措施。

（3）地面电工将绝缘拉线杆和支线杆分别传至杆上电工，两电工相互配合分别将拉线杆、支线杆上端钩住导线，并适当紧固。

（4）1 号电工安装拉线杆固定器，并将拉线杆安装在固定器上；2 号电工安装提线器，并将支线杆安装在提线器上。

（5）拉线杆、支线杆全部装好检查无误后，地面电工将绝缘绑线剪和两用操作杆传至杆上。

（6）1 号电工用绝缘操作杆取下绝缘子遮蔽罩后，用绝缘绑线剪将绝缘子绑扎线剪断，两电工相互配合用两用操作杆拆除绑扎线。

（7）绑扎线全部拆下后，2 号电工操作支线杆，抬起提线器使导线高于绝缘子，1 号电工操作拉线杆，缓慢将导线支出，2 号电工放下提线器，1 号电工旋紧拉线杆卡箍，拆下导线上的遗留绑线。

（8）导线支出后，将需更换的绝缘子拆下传至地面，地面电工把已做好绑扎线的新绝缘子传至杆上，由 1 号电工进行安装，并恢复横担遮蔽。

（9）绝缘子安装完毕后，两电工相互配合，操作支线杆、拉线杆将导线放置在绝缘子顶端线槽内，用操作杆绑扎绝缘子。

（10）作业人员按照“从远到近、从上到下、先接地体后带电体”的原则拆除绝缘遮蔽。

2．安全措施及注意事项

（1）作业人员进行换相工作转移前，应得到监护人的许可。

（2）在作业时，要注意带电导线与横担及邻相导线的安全距离。

（3）绝缘羊角抱杆或支、拉杆应安装可靠，导线转移应平缓、稳固。可使用其他类型的可同时提升 2 相（或 3 相）导线的可升降组合式绝缘横担，以提高作业效率。

（4）绝缘子绑扎线未绑好前不得拆卸支、拉线工具。

（5）提升导线前及提升过程中，应检查两侧电杆上的导线绑扎线是否牢靠，如有松动、脱线现象，应重新绑扎加固后方可进行作业。

（6）在使用绑线操作杆时，动作幅度要平稳，防止导线跳动。

（7）上、下传递工具、材料均应使用绝缘绳传递，严禁抛掷。

（8）作业过程中禁止摘下绝缘防护用具。

5.3.2　绝缘杆作业法带电更换直线杆绝缘子及横担

1．操作步骤

（1）杆上电工穿戴好绝缘防护用具，携带绝缘传递绳索登杆至带电线路下方适当位置，使用验电器对绝缘子、横担进行验电，确认无漏电现象。

（2）杆上电工相互配合使用绝缘操作杆依次安装两边相导线遮蔽罩、绝缘子遮蔽罩和横担遮蔽罩。

（3）杆上电工相互配合用绝缘操作杆安装中间相导线遮蔽罩和直线杆绝缘子遮蔽罩。

（4）地面电工使用绝缘传递绳分别将绝缘拉线杆、绝缘支线杆及固定器传至杆上电工。

（5）杆上两电工配合安装绝缘支杆固定器及绝缘支杆、绝缘拉杆提升器及绝缘拉杆。

（6）拉线杆、支线杆全部装好检查无误后，地面电工将绝缘绑线剪和两用操作杆传至杆上。

（7）第一电工用绝缘操作杆取下绝缘子遮蔽罩后，用绝缘绑线剪将绝缘子绑扎线剪断，两电工相互配合用两用操作杆拆除绑扎线。

（8）绑扎线全部拆下后，第二电工操作支线杆，抬起提线器使导线高于绝缘子，第一电工操作拉线杆，缓慢将导线支出，第二电工放下提线器，第一电工旋紧拉线杆卡箍，拆下导线上的遗留绑线。

（9）按照相同步骤将另一边相导线支出到安全距离以外。

（10）拆除待更换绝缘子、横担，安装新横担、绝缘子，并恢复横担、绝缘子的遮蔽。

（11）横担更换完毕后，按照支出导线相反顺序，两电工相互配合，操作支线杆、拉线杆将导线放置绝缘子顶端线槽上后，使用两用操作杆绑扎绝缘子。

（12）按照相同步骤将另一边相导线固定。

（13）杆上电工按照“从远到近、从上到下、先接地体后带电体”的原则拆除绝缘遮蔽。

2．安全措施及注意事项

（1）作业人员进行换相工作转移前，应得到监护人的许可。

（2）本作业步骤适应导线为水平排列时。若三角排列时，可先更换两边相绝缘子及横担，再采用绝缘抱杆单独更换中间相绝缘子。

（3）在作业时，要注意带电导线与横担及邻相导线的安全距离。

（4）绝缘多功能抱杆组合或支、拉杆安装可靠，导线转移应平缓、稳固。

（5）绝缘子绑扎线未绑好前不得拆卸支、拉线工具。

（6）作业线路下层有低压线路同杆并架时，如妨碍作业，应对作业范围内的相关低压线路采取绝缘遮蔽措施。

（7）提升导线前及提升过程中，应检查两侧电杆上的导线绑扎线是否牢靠，如有松动、脱线现象，应重新绑扎加固后方可进行作业。

（8）在使用绑线操作杆时，动作幅度要平稳，防止导线跳动。

（9）在同杆架设线路上工作，与上层线路小于安全距离规定且无法采取安全措施时，不得进行该项工作。

（10）上、下传递工具、材料均应使用绝缘绳传递，严禁抛掷。

5.3.3 绝缘杆作业法带电更换熔断器

1．操作步骤

（1）作业人员互相配合，在熔断器前方 0.4m 处支好绝缘人字梯，并使用不少于 4 根绝缘绳稳固，使电杆、梯头、绝缘绳钎子在同一垂直面上。

（2）杆上电工穿戴好绝缘防护用具，携带绝缘传递绳登杆至高压母线下方对母线进行验电，并封挂接地线，随后穿越母线，登杆至适当位置。

（3）梯上电工携带绝缘绳由一侧登梯至适当位置，使用验电器对绝缘子、横担进行验电，确认无漏电现象。

（4）梯上电工携带绝缘绳由一侧登梯至适当位置。在地面电工的配合下，用绝缘操作杆装设近边相与中间相之间的绝缘隔板，梯上电工返回地面。

（5）梯上电工携带绝缘绳由另一侧登梯至适当位置。在地面电工的配合下，用绝缘操作杆装设近边相与中间相之间的绝缘隔板。

（6）梯上电工夹住熔断器上端引线。杆上电工使用绝缘锁杆锁紧熔断器上端引线，再使用绝缘套筒操作杆拆卸熔断器上桩头螺栓。梯上电工使用绝缘夹钳夹紧，防止引线脱落。

（7）梯上电工用绝缘夹钳将熔断器上端引线顺高压引下线举起。杆上电工用绝缘锁杆将熔断器上端引线固定在本相高压引下线上。

（8）梯上电工安装引线遮蔽罩，将高压绝缘子、引下线进行绝缘遮蔽。

（9）梯上电工拆除熔断器下桩头引流线及旧熔断器，安装新的熔断器及下端引流线，并进行机电检查。

（10）梯上电工取下引线遮蔽罩传至地面。

（11）梯上电工用绝缘夹钳夹住高压熔断器上引线，杆上电工松开绝缘锁杆。

（12）梯上电工将引线送至高压熔断器上桩头接线螺栓处。杆上电工用绝缘套筒拧紧接线螺栓。

（13）梯上电工用绝缘操作杆按照从远至近的原则依次拆除横担遮蔽罩、绝缘挡板等遮蔽用具，逐一传至地面。

（14）梯上电工调整熔断器引流线符合施工质量标准。

（15）杆上电工、梯上电工与地面电工配合将绝缘工器具吊至地面，检查杆上无遗留物后，杆上电工拆除高压母线的接地线，与梯上电工返回地面。

2．安全措施及注意事项

（1）工作人员使用绝缘工具在接触带电导线前应得到工作监护人的许可。

（2）作业人员穿越母线前应验电、封挂地线。

（3）工作前应检查变压器已退出运行，熔断器熔丝管已取下，并符合拆除条件。

（4）断引线应按先易后难的原则。

（5）所断熔断器三相引线全部带电，要注意引线与横担及邻相导线的安全距离。

（6）安装绝缘遮蔽时应按照由近及远、由低到高依次进行，拆除时与此相反。

（7）杆上电工登杆作业应正确使用安全带。

（8）上杆登梯前检查好登杆工具及杆根是否安全可靠，高空移位时不得失去安全保护。

（9）作业线路上层有低压线路同杆并架时，如妨碍作业，应对作业范围内的相关低压线路采用绝缘遮蔽措施，遮蔽用具之间的重叠部分不得小于150mm。

（10）在同杆架设线路上工作，与上层线路小于安全距离规定且无法采取安全措施时，不得进行该项工作。

（11）上、下传递工具、材料均应使用绝缘绳传递，严禁抛掷。

5.3.4 绝缘手套作业法带电更换耐张绝缘子串及横担

1．操作步骤

（1）斗内电工将工作斗调整至带电导线横担下侧适当位置，使用验电器对绝缘子、横担进行验电，确认无漏电现象。

（2）两辆绝缘斗臂车斗内电工进入工作位置后，分别对耐张横担两侧近边相按照“从近到远、从下到上、先带电体后接地体”的遮蔽原则依次做好导线、耐张线夹、绝缘子串及横担的绝缘遮蔽措施。其余两相绝缘遮蔽按照相同顺序进行，中间相还应对电杆进行绝缘遮蔽。

（3）斗内电工配合在横担下方大于0.4m处装设绝缘横担。

（4）两辆绝缘斗臂车斗内电工在近边相耐张横担两侧安装绝缘绳套，各自将绝缘紧线器一端固定于绝缘绳套上，在两个紧线器外侧加装后备保护。同时将导线收紧。再收紧后备保护绳。

（5）待耐张绝缘子串松弛后，斗内电工脱开连接耐张线夹与绝缘子串的碗头挂板，使绝缘子串脱离导线，用绝缘绳将连接耐张线夹并检查确认是否牢固可靠。

（6）斗内电工各自缓慢松线，使绝缘绳受力。

（7）斗内电工各自松开并拆除绝缘紧线器，将绝缘绳搁置在绝缘横担上并锁好保险环或用绝缘绳索固定，并做好绝缘遮蔽措施。

（8）按相同的方法完成远边相的工作。

（9）斗内电工配合拆除旧横担，换上新横担及绝缘子串。恢复绝缘遮蔽隔离措施。

（10）斗内电工各自在新横担上装设绝缘紧线器，同时收紧导线，装好后备保护绳。拆除连接横担两侧耐张线夹的绝缘绳后，连接线夹与绝缘子串，并检查是否牢靠。最后放松绝缘紧线器，待耐张绝缘子串受力正常后拆除后备保护绳和绝缘紧线器。

（11）如需更换中间相绝缘子串，步骤相同。

（12）斗内电工按照“从远到近、从上到下、先接地体后带电体”的原则拆除绝缘遮蔽。斗内电工将绝缘斗退出有电工作区域，作业人员返回地面。

2．安全措施及注意事项

（1）如验电发现横担有电，禁止作业。

（2）作业时，严禁人体同时接触两个不同的电位体；绝缘斗内双人工作时禁止两人接触不同的电位体。

（3）应有防止导线脱落的后备保护措施，应密切关注绝缘连板的受力情况。

（4）两绝缘斗臂车斗内电工紧线、松线应同步进行，防止横担扭转。

（5）转移导线应平稳。

（6）防护手套不作为绝缘防护用具，在操作过程中不应短接绝缘子泄漏距离。

（7）当斗臂车绝缘斗距带电线路 1.0～2m 或工作转移时，应缓慢移动，动作要平稳，严禁使用快速挡；绝缘斗臂车在作业时，发动机不能熄火（电能驱动型除外），以保证液压系统处于工作状态。

（8）作业线路下层有低压线路同杆并架时，如妨碍作业，应对作业范围内的相关低压线路采取绝缘遮蔽措施。

（9）在同杆架设线路上工作，与上层线路小于安全距离规定且无法采取安全措施时，不得进行该项工作。

5.3.5 绝缘手套作业法带电组立或撤除直线电杆

1．带电组立直线电杆操作步骤

（1）斗内电工穿戴好绝缘防护用具，进入绝缘斗臂车斗内，挂好安全带保险钩。

（2）斗内电工分别将绝缘斗调整到合适位置，对近边相导线按照“从近到远、从下到上、先带电体后接地体”遮蔽原则对近边相带电体进行绝缘遮蔽。其余两相按由近到远或先两侧后中间的顺序，以相同的方法进行绝缘遮蔽。

（3）绝缘斗返回地面，在地面电工配合下，在吊臂上组装绝缘横担后返回导线下准备支撑导线。

（4）电工调整小吊臂使三相导线分别置于绝缘横担上的滑轮内，然后扣好保险环。操作将绝缘撑杆缓缓上升，使绝缘撑杆受力。

（5）调整小吊臂，缓缓将三相导线提升至超出预定杆顶 1m 以上的位置（保证电杆垂直后距离导线不小于 0.4m）。

（6）地面电工对杆尖以下 1m 使用电杆遮蔽罩进行绝缘遮蔽，并系好电杆起吊钢丝绳（吊点在电杆地上部分 1/2 处）（注：同杆架设线路吊钩穿越低压线时应做好吊车的接地工作；低压导线应加装绝缘遮蔽并用绝缘绳向两侧拉开，增加电杆起立的通道宽度；并在电杆低压导线下方位置增加两道幌绳）。

（7）吊车缓缓起吊电杆，在钢丝绳完全受力时暂停起吊，进行下列工作：

1）检查吊车支腿及其他受力部位的情况正常。

2）地面电工在杆根处系好绝缘绳以控制杆根方向。

（8）吊车将新电杆缓慢吊至预定位置。

（9）电杆起立，地面电工校正后每回填 500mm 夯实一次，将电杆可靠固定，防沉土台应高出地面 500mm。

（10）杆上电工安装横担、立铁、绝缘子等，并对全部接地体进行绝缘遮蔽。

（11）斗内电工操作小吊臂缓慢下降，使导线置于绝缘子沟槽内，斗内电工逐相绑扎好绝缘子，打开绝缘横担保险，操作绝缘斗臂车使导线完全脱离绝缘横担。

（12）斗内电工按照“从远到近、从上到下、先接地体后带电体”的原则拆除绝缘遮蔽。斗内电工将绝缘斗退出有电工作区域，作业人员返回地面。

2．带电撤除直线电杆操作步骤

（1）1 号电工、2 号电工穿戴好绝缘防护用具，进入各自绝缘斗臂车斗，挂好安全带保险钩。

（2）斗内电工将工作斗调整至带电导线横担下侧适当位置，使用验电器对绝缘子、横担进行验电，确认无漏电现象。

（3）1 号电工、2 号电工分别将绝缘斗调整到合适位置，对近边相导线按照“从近到远、从下到上、先带电体后接地体”遮蔽原则对近边相带电体及接地体进行绝缘遮蔽。其余两相按由近到远或先两侧后中间的顺序，以相同的方法进行绝缘遮蔽。

（4）1 号电工将绝缘斗返回地面，在地面电工配合下，在小吊臂上组装绝缘横担后返回导线下准备支撑导线。

（5）1 号电工调整小吊臂使三相导线分别置于绝缘横担上的滑轮内，然后扣好保险环。操作斗臂车将绝缘横担缓缓上升，使绝缘横担受力。

（6）2 号电工拆除三相导线绑扎线，拆除绝缘子、横担及立铁。并对杆尖以下 1m 使用电杆遮蔽罩进行绝缘遮蔽。

（7）1 号电工调整小吊臂，缓缓将三相导线提升至超出杆顶 1m 以上的位置（保证电杆起吊后距离导线不小于 0.4m）。

（8）2 号电工和杆上电工配合拆除电杆上横担等附件，并系好电杆起吊钢丝绳（吊点在电杆地上部分 1/2 处）（注：同杆架设线路吊钩穿越低压线时应做好吊车的接地工作；低压导线应加装绝缘套管并用绝缘绳向两侧拉开，增加电杆下降的通道宽度；并在电杆低压导线下方位置增加两道幌绳）。

（9）吊车缓缓起吊电杆，在钢丝绳完全受力时暂停起吊，进行下列工作：

1）检查吊车支腿及其他受力部位的情况正常。

2）地面电工在杆根处系好绝缘绳以控制杆根方向。

（10）工作负责人指挥吊车将电杆平稳地下放至地面（注：同杆架设线路

应顺线路方向下降电杆），地面电工将杆洞回土夯实。拆除杆尖上的绝缘遮蔽。

（11）1号电工打开绝缘横担保险环，操作绝缘斗臂车使导线完全脱离绝缘横担。

（12）斗内电工按照“从远到近、从上到下、先接地体后带电体”的原则拆除绝缘遮蔽。斗内电工将绝缘斗退出有电工作区域，作业人员返回地面。

3．安全措施及注意事项

（1）吊车操作工应服从指挥人员的指挥。电杆撤除、组立过程中，工作人员应密切注意电杆与带电线路保持1.0m以上的安全距离。撤、立杆时，吊车吊臂与带电线路保持1.5m以上安全距离。

（2）支撑和下降导线时，要缓缓进行，以防止导线晃动，避免造成相间短路；地面的绝缘绳索固定应可靠牢固，避免松动。

（3）绑扎和拆除绝缘子绑扎线时，严禁人体同时接触两个不同的电位。

（4）电杆杆根应设置接地保护措施。作业时，杆根作业人员应穿绝缘靴、戴绝缘手套，起重设备操作人员应穿绝缘靴。起重设备操作人员在作业过程中不得离开操作位置。

（5）撤除、组立电杆时，吊车吊钩应在10kV带电导线的下方，电杆应顺线路方向起立或下降。

（6）当斗臂车绝缘斗在有电区域转移时，应缓慢移动，动作要平稳，严禁使用快速挡；绝缘斗臂车在作业时，发动机不能熄火（电能驱动型除外），以保证液压系统处于工作状态。

（7）支撑导线过程中，应检查两侧电杆上的导线绑扎线情况。

（8）作业线路下层有低压线路同杆并架时，如妨碍作业，应对作业范围内的相关低压线路采取绝缘遮蔽措施。

5.3.6 绝缘手套作业法带电更换直线电杆

1．操作步骤

（1）斗内电工将工作斗调整至带电导线横担下侧适当位置，使用验电器对绝缘子、横担进行验电，确认无漏电现象。

（2）1号电工将绝缘斗调整到合适位置，按照“从近到远、从下到上、先带电体后接地体”的遮蔽原则对作业范围内的所有带电体和接地体进行绝缘遮蔽。

（3）2号电工在地面电工协助下在吊臂上组装绝缘横担。

（4）2号电工调整吊臂至合适位置，使三相导线分别置于绝缘横担上的滑轮内，扣好绝缘横担保险环。

（5）2号电工将绝缘横担缓缓上升，支撑起三相导线，1号电工拆除三相导线绑扎线，拆除绝缘子、横担及立铁。

（6）2号电工调整小吊臂，缓缓将三相导线提升至超出杆顶1m以上的位置（保证电杆起吊后距离导线不小于0.4m）。

（7）1号电工和杆上电工配合拆除绝缘子、横担及立铁，并使用电杆遮蔽罩对杆顶以下1m进行绝缘遮蔽。系好电杆起吊钢丝绳（吊点在电杆地上部分1/2处）（注：同杆架设线路吊钩穿越低压线时应做好吊车的接地工作；低压导线应加装导线遮蔽罩并用绝缘绳向两侧拉开，增加电杆下降的通道宽度；并在电杆低压导线下方位置增加两道幌绳）。

（8）吊车缓缓起吊电杆，在钢丝绳完全受力时暂停起吊，进行下列工作：

1）检查吊车支腿及其他受力部位的情况正常。

2）地面电工在杆根处系好绝缘绳以控制杆根方向。

（9）吊车指挥人员指挥吊车起吊电杆并将电杆平稳下放至地面（注：同杆架设线路应顺线路方向下降电杆），拆除杆尖上的绝缘遮蔽。

（10）地面电工用绝缘测量杆测量从带电导线到杆洞平面的净空距离应满足安全距离，同时派人观察相邻两侧电杆横担导线绑扎线应无松动现象。

（11）地面电工将马道配套工具放置在坑洞内。地面电工系好起吊钢丝绳（吊点在电杆重心上方1.5m处）。起吊电杆，在距地面1.0m时暂停起吊，进行下列工作：

1）检查吊车支腿及其他受力部位的情况正常。

2）设置电杆杆梢的绝缘遮蔽措施，一般长度不少于1.0m。

3）在杆根3m线以上设置电杆的接地保护措施。

4）4号电工、5号电工在吊点以下20cm处系好两侧幌绳以控制电杆两侧方向。

（12）吊车缓缓起吊，在起吊过程中应随时注意电杆根部是否顶住滑板向下滑动；特别是在电杆起立到60°左右时（吊臂最上方距带电线路应不少于3.0m），杆根一定要进到洞内，工作负责人应密切注意杆梢与带电线路的净空距离（最小不少于0.4m），如有疑问时，应立即停止起吊，用绝缘测量杆测量距离，待确认无问题后，才能继续起吊电杆；在电杆起立过程中，吊车指挥应站在杆洞边电杆上风侧，配合工作负责人注意控制电杆两侧方向的平衡情况和杆根的入洞情况。

（13）电杆起立，校正后回土夯实，拆除杆根接地保护措施。

（14）杆上电工配合1号电工拆除起吊钢丝绳和两侧幌绳，安装横担、绝缘子。杆上电工返回地面，吊车撤离工作区域。

（15）1号电工对横担、绝缘子等装设绝缘遮蔽。

（16）2号电工将绝缘撑杆缓缓下降，将中相导线下降到中相绝缘子后停止，由1号电工将中相导线用绑扎线固定在绝缘子上，继续下降绝缘撑杆，并按相同方法分别固定两边相导线；三相导线的固定，可按先中间、后两边的顺序用绑扎线分别固定在绝缘子上。

（17）将绝缘横担上的滑轮保险打开，2号电工操作绝缘撑杆使绝缘横担缓缓脱离导线。

（18）三相导线的安装工作结束后，斗内电工按照“从远到近、从上到下、先接地体后带电体”的原则拆除绝缘遮蔽，绝缘斗退出有电工作区域，作业人员返回地面。

2．安全措施及注意事项

（1）作业人员在接触带电导线、进行换相工作转移前应得到监护人的许可。

（2）立杆时，吊车吊臂与有电线路保持3.0m以上的安全距离；电杆起立超过60°后，杆根不应离地。

（3）杆上电工在登杆作业时，应对有电线路保持不少于 0.7m 的安全距离。

（4）吊车操作人员应服从指挥。电杆撤除过程中，工作人员应密切注意电杆与带电线路保持 0.7m 以上的安全距离。

（5）支撑和下降导线时，要缓缓进行，以防止导线晃动，避免造成相间短路；地面的绝缘绳索固定应可靠牢固，避免松动。

（6）作业时，严禁人体同时接触两个不同的电位体；绝缘斗内双人工作时禁止两人接触不同的电位体。

（7）作业时，杆根作业人员应穿绝缘靴、戴绝缘手套，起重设备操作人员应穿绝缘靴。起重设备操作人员在作业过程中不得离开操作位置。

（8）当斗臂车绝缘斗在有电区域转移时，应缓慢移动，动作要平稳，严禁使用快速挡；绝缘斗臂车在作业时，发动机不能熄火（电能驱动型除外），以保证液压系统处于工作状态。

（9）支撑导线过程中，应检查两侧电杆上的导线绑扎线情况。

（10）作业线路下层有低压线路同杆并架时，如妨碍作业，应对作业范围内的相关低压线路采取绝缘遮蔽措施。

5.3.7　绝缘手套作业法带电直线杆改终端杆

1．操作步骤

（1）斗内电工将工作斗调整至带电导线横担下侧适当位置，使用验电器对绝缘子、横担进行验电，确认无漏电现象。测量三相线路电流确认作业点负荷侧空载。

（2）斗内电工按照“从近到远、从下到上、先带电体后接地体”遮蔽原则对近边相带电体及接地体进行绝缘遮蔽，其余两相绝缘遮蔽按照相同方法进行。

（3）斗内电工使用绝缘小吊吊住中相导线，1 号电工解开中相导线绑扎线，遮蔽罩对接并将开口向上。2 号电工起升小吊将导线缓慢提升至距中间相绝缘子 0.4m 以外。

（4）1 号电工拆除中间相绝缘子及立铁，安装杆顶绝缘横担。

（5）2 号电工缓慢下降小吊将中相导线放至绝缘横担中间相卡槽内，扣好保险环，解开小吊绳。两边相按相同方法进行。

（6）斗内电工将直线横担更换成耐张横担，挂好悬式绝缘子串及耐张线夹，并安装好电杆拉线；并对新装耐张横担和电杆设置绝缘遮蔽隔离措施。

（7）斗内电工将两边相导线放在已遮蔽的耐张横担上，并做好固定措施。调整绝缘斗位置，分别将绝缘紧线器、卡线器固定于近边相和远边相导线上，进行紧线工作。收紧导线后在两边相导线松线侧使用绝缘绳和卡线器，做好放松导线临时固定措施。

（8）地面电工在电杆根部安装临时抱箍。将两边相松线侧的绝缘绳（导线固定用）尾部在临时抱箍上固定。斗内电工依次开断近边相、远边相导线，并将带电导线固定到耐张线夹中，恢复绝缘遮蔽。

（9）地面电工控制绝缘绳依次将近边相和远边相松线侧导线缓慢放松落地。斗内电工同时缓慢松弛、拆除两边相绝缘紧线器，做好导线终端。

（10）2 号电工使用绝缘小吊提升中相导线，1 号电工拆除杆顶绝缘横担，按照两边相的同样方法开断中间相导线。

（11）工作结束后，按照“从远到近、从上到下、先接地体后带电体”的原则拆除绝缘遮蔽，绝缘斗退出有电工作区域，作业人员返回地面。

2．安全措施及注意事项

（1）在接触带电导线前应得到监护人的许可，作业人员进行换相作业转移前，应得到监护人的许可。

（2）作业时，严禁人体同时接触两个不同的电位体；绝缘斗内双人工作时禁止两人接触不同的电位体。

（3）在开断导线前，应有防导线脱落的后备保护措施。

（4）在进行三相导线开断前，应得到监护人的许可。

（5）终端杆应设置拉线。应依次开断两边相导线，并做好横担受力不均发生歪斜的保护措施。

（6）已断开相的导线，应在采取防感应电措施后方可触及。

（7）禁止采用突然剪断导线的方法松线。

（8）上、下传递工具、材料均应使用绝缘绳传递，严禁抛、扔掷。

5.3.8　绝缘手套作业法带负荷更换熔断器

1．操作步骤

（1）斗内电工将工作斗调整至三相熔断器外侧适当位置，使用验电器对绝缘子、横担进行验电，确认无漏电现象。检查熔断器无异常情况。

（2）斗内电工按照“从近到远、从下到上、先带电体后接地体”遮蔽原则依次对主导线、熔断器、上下引线等带电体和绝缘子、横担等设置绝缘遮蔽措施。

（3）互相配合在熔断器横担下 0.6m 处安装绝缘引流线支架。

（4）斗内电工使用电流检测仪逐相检测三相熔断器负荷电流正常。用绝缘引流线逐相短接熔断器。短接每一相时，应注意绝缘引流线另一端头不得放在工作斗内，防止触电。三相熔断器可先按中间相、再两边相，或根据现场情况按由远及近的顺序依次短接。

（5）确认三相绝缘引流线连接牢固、通流正常后，斗内电工用绝缘操作杆拉开熔丝管并取下。

（6）斗内电工将绝缘斗调整至近边相导线外适当位置，首先拆开近边相熔断器的下引线，恢复绝缘遮蔽并妥善固定；再拆开近边相熔断器的上引线，恢复绝缘遮蔽，并妥善固定。

（7）按相同的方法拆除其余两相引线。拆除三相引线可按先两侧、后中间或由近到远的顺序进行。

（8）斗内电工更换三相熔断器，并对三相熔断器进行试操作，检查分合情况，最后将三相熔丝管取下。

（9）斗内电工将绝缘斗调整到熔断器上引线侧的导线远边相，互相配合依次恢复熔断器上、下引线。恢复绝缘遮蔽隔离措施。

（10）其余两相熔断器引线搭接按相同的方法进行。搭接三相引线，可按先中间、后两侧或由远到近的顺序进行。

（11）搭接工作结束后，斗内电工挂上熔丝管，用绝缘操作杆分别合上三相熔丝管，确认通流正常。恢复熔断器的绝缘遮蔽隔离措施。

（12）斗内电工逐相拆除绝缘引流线。拆除每一相绝缘引流线时，应注意拆下的绝缘引流线端头不得放在工作斗内，防止触电。拆除的程序可按从近到远或先两边相、再中间相的顺序进行。

（13）斗内电工拆除绝缘引流线支架。斗内电工按照与设置绝缘遮蔽措施相反的顺序依次拆除绝缘遮蔽隔离措施。

（14）绝缘斗退出带电工作区域，作业人员返回地面。

2．安全措施及注意事项

（1）当熔断器上口正常时，直接用绝缘引流线短接。当熔断器发热时，禁止使用绝缘引流线进行短接，需要使用单相开关短接。

（2）作业人员在接触带电导线、进行换相工作转移或分、合熔断器前，应得到监护人的许可。

（3）绝缘引流线应查看额定电流值，所带负荷电流不得超过绝缘引流线的额定电流。

（4）安装绝缘引流线时应有防止熔断器意外断开的措施。绝缘引流线两端连接后或拆除前，应检测相关设备通流情况正常，绝缘引流线每一相分流的负荷电流应不小于原线路负荷电流的 1/3。

（5）作业时，严禁人体同时接触两个不同的电位体；绝缘斗内双人工作时禁止两人接触不同的电位体。

（6）边相下引线进行拆、搭工作时，应注意对中相引线及电杆做好绝缘遮蔽隔离措施。作业中应及时恢复和补充绝缘遮蔽隔离措施。

（7）绝缘引流线搭接时应注意相位，确保搭接点接触可靠。

（8）三相绝缘引流线搭接未完成前严禁拉开熔丝管，三相熔丝管未合上前严禁拆除绝缘引流线。

（9）当斗臂车绝缘斗距带电线路 1.0～2m 或工作转移时，应缓慢移动，动作要平稳，严禁使用快速挡；绝缘斗臂车在作业时，发动机不能熄火（电能驱动型除外），以保证液压系统处于工作状态。

5.3.9　绝缘手套作业法带负荷更换导线非承力线夹

1．操作步骤

（1）斗内电工将工作斗调整至带电导线横担下侧适当位置，使用验电器对绝缘子、横担进行验电，确认无漏电现象。

（2）斗内电工将绝缘斗调整至适当位置，按照“从近到远、从下到上、先带电体后接地体”遮蔽原则对作业范围内所有的带电体及接地体进行绝缘遮蔽。

（3）斗内电工使用电流检测仪确认负荷电流满足绝缘引流线使用要求。

（4）在距离最下层带电体0.7m以外装设绝缘引流线支架。

（5）根据绝缘引流线长度，在适当位置打开导线的绝缘遮蔽，去除导线绝缘层。

（6）使用绝缘绳将绝缘引流线临时固定在主导线上。将处于断开状态的单相消弧开关静触头侧连接到主导线上，绝缘引流线两端头分别连接到单相消弧开关动触头侧和另一侧主导线上，并恢复连接点的遮蔽。

（7）检查分流回路连接良好，相别无误后，使用操作杆合上单相消弧开关。使用电流检测仪确认绝缘引流线通流正常（绝缘引流线分流的负荷电流应不小于原线路负荷电流的1/3）。

（8）使用测温仪对导线连接处进行测温，待接头温度降至55℃以下时对作业范围内的带电体和接地体进行绝缘遮蔽。

（9）最小范围打开导线连接处的遮蔽，进行线夹处理。处理完毕对连接处进行绝缘和密封处理，并及时恢复被拆除的绝缘遮蔽。

（10）使用电流检测仪测量引流线通流情况无问题后，拉开单相消弧开关，拆除绝缘引流线、单相消弧开关和绝缘引流线支架。

（11）工作结束后，按照“从远到近、从上到下、先接地体后带电体”的原则拆除绝缘遮蔽，绝缘斗退出有电工作区域，作业人员返回地面。

2．安全措施及注意事项

（1）作业人员应认真检查接头损伤情况，工作负责人决定相应的处理方案、遮蔽措施及防断线安全措施。特殊情况下，可以采用旁路柔性电缆在发热点两侧的电杆装置间组建分流回路，待发热点温度下降后，再在作业装置上设置绝缘遮蔽隔离措施进行下一步骤。

（2）禁止对过温的线夹直接进行处理，以防带负荷断接引流线。

（3）作业人员在接触带电导线和换相工作前应得到工作监护人的许可。

（4）作业时，严禁人体同时接触两个不同的电位体；绝缘斗内双人工作时禁止两人接触不同的电位体。

（5）拉开单相消弧开关后，需将动触头动作机构锁死，防止开关误动作。

（6）断引流线前应确认绝缘引流线分流的负荷电流应不小于原线路负荷电流的1/3。

（7）连接绝缘引流线的导线处应清除氧化层，且线夹接触应牢固可靠。

5.3.10 绝缘手套作业法带负荷更换柱上开关或隔离开关

1．操作步骤

（1）斗内电工将工作斗调整至带电导线横担下侧适当位置，使用验电器对绝缘子、横担进行验电，确认无漏电现象。

（2）1号电工用电流检测仪测量三相导线电流，确认每相负荷电流不超过200A；2号电工将绝缘斗调整至柱上负荷开关的合适位置，检查柱上负荷开关无异常情况。

（3）斗内电工分别将绝缘斗调整到柱上负荷开关两侧合适位置，按照“从近到远、从下到上、先带电体后接地体”的遮蔽原则对作业范围内的所有带电体和接地体进行绝缘遮蔽。

（4）1号电工、2号电工在地面电工配合下，在柱上负荷开关下侧电杆合适位置安装旁路负荷开关和余缆工具，并将旁路负荷开关可靠接地，将旁路高压引下电缆快速插拔终端接续到旁路负荷开关两侧接口。合上旁路负荷开关进行绝缘检测，检测合格后应充分放电，并拉开旁路负荷开关。

（5）确认旁路负荷开关在断开状态下，1号电工、2号电工各自用绝缘操作杆将中间相旁路高压引下电缆的引流线夹安装到中间相架空导线上，并挂好防坠绳，补充绝缘遮蔽措施。其他两相的旁路高压引下电缆的引流线夹按照相同的方法挂接好。三相旁路高压引下电缆可按照由远到近或先中间相再两边相的顺序挂接。

（6）确认三相旁路电缆连接可靠，核相正确无误后，1 号电工用绝缘操作杆合上旁路负荷开关，锁死跳闸机构，用电流检测仪逐相测量三相旁路电缆电流，并确认每一相分流的负荷电流应不小于原线路负荷电流的 1/3。

（7）1 号电工将绝缘斗调整到柱上负荷开关合适位置，用绝缘操作杆拉开柱上负荷开关。

（8）1 号电工、2 号电工将柱上开关负荷侧引线拆除，恢复导线绝缘遮蔽。拆引线前需用绝缘锁杆将引线线头临时固定在主导线上，线夹拆除后，应用锁杆将引线脱离主导线。

（9）1 号电工、2 号电工与地面电工相互配合，利用绝缘斗臂车小吊更换柱上负荷开关，并调试正常。

（10）确认柱上负荷开关在断开状态，1 号电工、2 号电工分别将柱上负荷开关引线与主导线进行连接，并恢复导线、引线绝缘遮蔽。

（11）1 号电工将绝缘斗调整到合适位置，合上柱上负荷开关，并通过操作机构位置和电流检测仪逐相测量柱上负荷开关三相引线电流，并确认每一相分流的负荷电流应不小于原线路负荷电流的 1/3。

（12）1 号电工调整绝缘斗到旁路负荷开关合适位置，断开旁路负荷开关，锁死闭锁机构。

（13）1 号电工、2 号电工调整绝缘斗位置用绝缘操作杆依次拆除三相旁路高压引下电缆引流线夹。三相的顺序可按由近到远或先两边相在中间相进行。合上旁路负荷开关，对旁路设备充分放电，并拉开旁路负荷开关。

（14）1 号电工、2 号电工与地面电工相互配合，拆除旁路高压引下电缆、余缆工具和旁路负荷开关。

（15）检查装置上无遗留物，设备运行正常，绝缘斗退出有电工作区域，作业人员返回地面。

2．安全措施及注意事项

（1）起吊柱上负荷开关时，吊车吊臂与有电线路保持1.5m以上的安全距离。

（2）带电断、接引线时，作业人员应戴护目镜，保持带电引线对地及邻相引线的安全距离。

（3）作业时，严禁人体同时接触两个不同的电位体；绝缘斗内双人工作时禁止两人接触不同的电位体。

（4）旁路负荷开关及旁路电缆检测绝缘电阻及断开旁路高压引下电缆后应充分放电。

（5）旁路高压引下电缆的引流线夹应以最远距离挂接，以满足构建最大停电作业区间。挂接处应对旁路高压引下电缆的引流线夹进行绝缘遮蔽。

（6）断、接旁路高压引下电缆时，旁路负荷开关应处于断开状态。

（7）有避雷器一侧的开关引线，需用绝缘锁杆配合断、接工作，防止人体串入电路或泄漏电流拉弧伤人。

（8）利用绝缘斗臂车绝缘小吊作业，在起吊柱上开关时应先试吊，移动过程要平稳、缓慢进行。

（9）断、接柱上开关引线时，电压互感器应退出运行。

（10）带负荷更换隔离开关可用绝缘引流线短接。

（11）使用硬质绝缘紧线器收紧导线时应确认紧线器两端卡线器性能完好，卡线牢固并使用绝缘保险绳作为后备保护，防止跑线。

（12）切断导线时要防止线头摆动。切断的导线端头应使用导线端头遮蔽罩。

（13）使用导线接续管进行导线承力接续时，应严格按照工艺要求施工，防止压接不良导致接头发热或承力不足。

（14）停电作业人员登杆及作业过程中，应避免踩踏杆上临时安装的旁路开关及旁路电缆。

（15）柱上开关及隔离开关引线附近如安装接地验电环，应进行绝缘遮蔽。

（16）涉及带电与停电作业相配合时，应设立工作协调人，用以保证两个班组之间正确安全工作。

5.3.11 绝缘手套作业法带负荷直线杆改耐张杆

1．操作步骤

（1）斗内电工将工作斗调整至带电导线横担下侧适当位置，使用验电器对绝缘子、横担进行验电，确认无漏电现象。

（2）2 号电工按照“从近到远、从下到上、先带电体后接地体”的遮蔽原则对作业范围内的所有带电体和接地体进行绝缘遮蔽。

（3）1 号电工、地面电工配合在绝缘斗臂车上组装提升导线的绝缘横担组合。

（4）1 号电工将绝缘斗移至被提升导线的下方，将两边相导线分别置于绝缘横担固定器内，由 2 号电工拆除两边相绝缘子绑扎线。

（5）1 号电工将绝缘横担继续缓慢抬高，提升两边相导线，将中相导线置于绝缘横担固定器内，由 2 号电工拆除中相绝缘子绑扎线。

（6）1 号电工将绝缘横担缓慢抬高，提升三相导线，提升高度不小于 0.4m，1 号、2 号电工相互配合拆除绝缘子和横担，安装耐张横担，并装好耐张绝缘子和耐张线夹。

（7）1 号电工、2 号电工配合在耐张横担上装好耐张横担遮蔽罩，在耐张横担下合适处安装固定绝缘引流线支架，并对耐张绝缘子和耐张线夹设置绝缘遮蔽。

（8）由 1 号电工在 2 号电工配合下将导线缓缓下降，逐一放置到耐张横担遮蔽罩上，并固定。

（9）1 号电工、2 号电工配合开始进行近边相导线的开断工作。

1）1 号电工、2 号电工分别拆除近边相导线遮蔽罩。

2）1 号电工、2 号电工分别在近边相导线两侧安装好绝缘紧线器及后备保护绳，将导线收紧，同时收紧后备保护绳。

3）1 号电工、2 号电工用电流检测仪测量架空线路负荷电流，确认电流不超过绝缘引流线额定电流。在近边相导线安装绝缘引流线，用电流检测仪检测电流，确认通流正常，绝缘引流线与导线连接应牢固可靠，绝缘引流线应在绝缘引流线支架上。绝缘引流线每一相分流的负荷电流应不小于原线路负荷电流的1/3。

4）1号电工、2号电工配合，剪断近边相导线，分别将近边相两侧导线固定在耐张线夹内。

5）1号电工、2号电工分别拆除绝缘紧线器及后备保护绳。

（10）1号电工、2号电工配合进行近边相导线引线的接续工作。

1）1号电工、2号电工配合做好横担及绝缘子的绝缘遮蔽措施，安装连接引线。

2）安装接续线夹，并恢复绝缘遮蔽。

3）用电流检测仪检测电流，确认通流正常。

（11）拆除绝缘引流线，恢复绝缘遮蔽。

（12）1号电工、2号电工配合，按同样的方法开断远边相和中间相导线，并接续远边相和中间相导线引线。

（13）1号电工、2号电工配合拆除耐张横担遮蔽罩。

（14）三相引线接续工作结束后，拆除绝缘引流线支架。

（15）斗内电工按照“从远到近、从上到下、先接地体后带电体”的原则拆除绝缘遮蔽，绝缘斗退出有电工作区域，作业人员返回地面。

2．安全措施及注意事项

（1）提升或下降导线时，应平稳进行。

（2）在导线收紧后开断导线前，应加设防导线脱落的后备保护安全措施。

（3）在进行三相导线开断前，应检查绝缘引流线连接可靠，并应得到工作监护人的许可。

（4）三相导线的连接工作未完成前，绝缘引流线不得拆除。

（5）组装、拆除绝缘引流线以及紧线、开断导线应同相同步进行。

5.3.12 绝缘手套作业法带电断空载电缆线路与架空线路连接引线

1．操作步骤

（1）斗内电工将工作斗调整至带电导线横担下侧适当位置，使用验电器对绝缘子、横担进行验电，确认无漏电现象。

（2）斗内电工使用电流检测仪测量三相出线电缆的电流，确认待断电缆连接线无负荷。

（3）斗内电工按照“从近到远、从下到上、先带电体后接地体”的遮蔽原则对作业范围内的所有带电体和接地体进行绝缘遮蔽。三相可按由近到远或先两边相再中间相的顺序进行。

（4）斗内电工确认消弧开关在断开位置后，将消弧开关挂接到近边相架空导线。恢复绝缘遮蔽。然后在消弧开关下端的横向导电杆上安装绝缘引流线引流线夹，最后将绝缘引流线的另一端连接到同相电缆终端接线端子上（即电缆过渡支架处电缆终端与过渡引线的连接部位）。逐点完成后恢复绝缘遮蔽。

（5）斗内电工用绝缘操作杆合上消弧开关，确认分流正常，绝缘引流线每一相分流的负荷电流应不小于原线路负荷电流的 1/3。

（6）斗内电工用绝缘锁杆将电缆引线接头临时固定在架空导线后，在架空导线处拆除线夹。引线应妥善固定，并对接头处恢复绝缘遮蔽措施（如过渡引线从耐张线夹处穿出，可在电缆过渡支架处拆引线，并用锁杆固定在同相位架空导线上）。

（7）斗内电工用绝缘操作杆断开消弧开关。

（8）斗内电工将绝缘引流线从电缆过渡支架处取下，挂在消弧开关上，将消弧开关从近边相导线上取下。如导线为绝缘线应恢复导线的绝缘及密封。完成后恢复绝缘遮蔽。

（9）其余两相引线断开按相同的方法进行。三相引流线全部断开后，应使用放电棒进行充分放电。三相引线拆除，可按由先近后远，或根据现场情况先两侧、后中间的顺序进行。

（10）按照“从远到近、从上到下、先接地体后带电体”的原则拆除绝缘遮蔽。工作斗退出有电工作区域，作业人员返回地面。

2．安全措施及注意事项

（1）工作前，应与运行部门共同确定电缆负荷侧开关（断路器或隔离开关等）处于断开位置。

（2）斗内电工进入有电区域后，测量电缆引线空载电流确认应不大于 5A。当空载电流大于 0.1A、小于 5A 时，应用消弧开关断开架空线路与空载电缆线路引线。

（3）斗内电工在接触带电导线、进行换相工作转移前应得到监护人的许可。

（4）使用消弧开关前应确认消弧开关在断开位置并闭锁，防止其突然合闸。

（5）合消弧开关前应再次确认接线正确无误，防止相位错误引发短路。

（6）消弧开关的状态，应通过其操作机构位置（或灭弧室动静触头相对位置）以及用电流检测仪测量电流的方式综合判断。

（7）在消弧开关和电缆终端间安装绝缘引流线，应先接无电端、再接有电端。

（8）作业时，严禁人体同时接触两个不同的电位体；绝缘斗内双人工作时禁止两人接触不同的电位体。

（9）已断开相的电缆引线应视为带电。

5.3.13 绝缘手套作业法带电接空载电缆线路与架空线路连接引线

1．操作步骤

（1）斗内电工将绝缘斗调整至线路下方与电缆过渡支架平行处，并与带电线路保持 0.4m 以上安全距离，检查电缆登杆装置应符合验收规范要求。

（2）斗内电工用绝缘电阻检测仪检测电缆对地绝缘，确认无接地情况，检测完成后应充分放电。若发现电缆有电或对地绝缘不良，禁止继续作业。

（3）斗内电工将工作斗调整至带电导线横担下侧适当位置，使用验电器对绝缘子、横担进行验电，确认无漏电现象。

（4）斗内电工调整绝缘斗位置，按照“从近到远、从下到上、先带电体后接地体”的遮蔽原则对作业范围内的所有带电体和接地体进行绝缘遮蔽。三相的绝缘遮蔽隔离措施可按先两边相、再中间相或由近到远顺序进行设置。

（5）斗内电工用绝缘测量杆测量三相引线长度，然后将地面电工制作的引线安装到过渡支架上。并对三相引线与电缆过渡支架设置绝缘遮蔽措施。

（6）斗内电工确认消弧开关处于断开位置后，将消弧开关挂在中间相导线上，然后用绝缘引流线连接消弧开关下端导电杆和同相电缆终端（过渡支架接线端子处）。

（7）斗内电工用绝缘操作杆合上消弧开关。

（8）斗内电工用锁杆将引线接头临时固定在同相架空导线上，调整工作位置后将电缆引线连接到架空导线。

（9）斗内电工用绝缘操作杆断开消弧开关。

（10）斗内电工依次从电缆过渡支架和消弧开关导线杆处拆除绝缘引流线线夹，然后从架空导线上取下消弧开关。

（11）其余两相引线搭接按相同的方法进行。三相引线搭接，可按先远后近或根据现场情况先中间、后两侧的顺序进行。

（12）工作结束后，按照“从远到近、从上到下、先接地体后带电体”的原则拆除绝缘遮蔽，绝缘斗退出带电工作区域，斗内电工返回地面。

2．安全措施及注意事项

（1）工作前，应与运行部门共同确认电缆负荷侧开关（断路器或隔离开关等）处于断开位置。空载电缆长度应不大于 3km。

（2）斗内电工对电缆引线验电后，应使用绝缘电阻检测仪检查电缆是否空载且无接地。

（3）斗内电工在接触带电导线、进行换相工作转移前应得到监护人的许可。

（4）使用消弧开关前应确认消弧开关在断开位置并闭锁，防止其突然合闸。

（5）合消弧开关前应再次确认接线正确无误，防止相位错误引发短路。

（6）消弧开关的状态，应通过其操动机构位置（或灭弧室动静触头相对位置）以及用电流检测仪测量电流的方式综合判断。

（7）拆除消弧开关和电缆终端间绝缘引流线，应先拆有电端，再拆无电端。

（8）作业时，严禁人体同时接触两个不同的电位体；绝缘斗内双人工作时禁止两人接触不同的电位体。

（9）未接通相的电缆引线应视为带电。

5.4 第四类不停电作业

5.4.1 绝缘手套作业法带负荷直线杆改耐张杆并加装柱上开关或隔离开关

1. 操作步骤

（1）斗内电工将工作斗调整至带电导线横担下侧适当位置，使用验电器对绝缘子、横担进行验电，确认无漏电现象。

（2）斗内电工按照“从近到远、从下到上、先带电体后接地体”的遮蔽原则对作业范围内的所有带电体和接地体进行绝缘遮蔽。

（3）斗内电工使用绝缘小吊吊住中相导线，1 号电工解开中相导线绑扎线，遮蔽罩对接并将开口向上。2 号电工起升小吊将导线缓慢提升至距中间相绝缘子 0.4m 以外。

（4）1 号电工拆除中间相绝缘子及立铁，安装杆顶绝缘横担。

（5）2 号电工缓慢下降小吊将导线放至绝缘横担中间相卡槽内，扣好保险环，解开小吊绳。两边相按相同方法进行。拆除直线横担。

（6）1 号电工与杆上电工配合将组装好的柱上负荷开关安装到电杆上，并对新装耐张横担、耐张绝缘子串、耐张线夹、柱上负荷开关和电杆设置绝缘遮蔽隔离措施。

（7）斗内电工调整绝缘斗位置，分别将绝缘紧线器、卡线器固定于近边相和远边相导线上，进行紧线工作。安装好后备保护绳。

（8）1 号电工、2 号电工配合开始进行近边相导线的开断工作。

（9）斗内电工将近边相柱上负荷开关引流线与主导线进行连接，1 号电工合上柱上负荷开关，使用电流检测仪检测电流，确认通流正常，柱上负荷开关引流线每一相分流的负荷电流应不小于原线路负荷电流的 1/3。恢复绝缘遮蔽。若为绝缘线应进行绝缘恢复及密封处理。

（10）斗内电工剪断近边相导线，分别将近边相两侧导线固定在耐张线夹内。

（11）1 号电工、2 号电工分别拆除绝缘紧线器及后备保护绳。

（12）1 号电工、2 号电工分别对两侧近边相导线及绝缘子做好绝缘遮蔽措施。

（13）斗内电工配合，按同样的方法开断远边相导线。

（14）2 号电工使用绝缘小吊提升中相导线，1 号电工拆除杆顶绝缘横担，按照同样方法开断中间相导线，并恢复绝缘遮蔽。

（15）安装柱上隔离开关可先安装耐张横担，分别安装三相隔离开关，连接两侧引线后，再行开断导线。

（16）工作完成后，斗内电工按照“从远到近、从上到下、先接地体后带电体”拆除遮蔽的原则拆除绝缘遮蔽隔离措施。绝缘斗退出带电工作区域，作业人员返回地面。

2．安全措施及注意事项

（1）新装柱上负荷开关带有取能用电压互感器时，电源侧应串接带有明显断开点的设备，防止带负荷接引，并应闭锁其自动跳闸的回路，开关操作后应闭锁其操动机构，防止误操作。

（2）使用斗臂车起吊开关要注意吊臂角度，防止超载倾翻。

（3）作业人员在接触带电导线和进行换相作业转移前，应得到监护人的同意。

（4）作业人员在绝缘斗内传递工具时应确认两人同时脱离带电设备，绝缘斗内双人工作时禁止两人同时接触不同电位体。作业时严禁人体同时接触两个不同的电位。

（5）断、接引流线时要保持带电体与人体、相间及对地的安全距离。应注意相位，搭连接点应接触可靠。

（6）组装、拆除绝缘引流线以及紧线、开断导线应同相同步进行。

（7）在开断导线前，应有防导线脱落的后备保护措施。

（8）如使用吊车起吊耐张横担、柱上负荷开关工作，应在吊索起吊范围内对带电体进行双重绝缘遮蔽，吊车车体应良好接地。

5.4.2 综合不停电作业法不停电更换柱上变压器

1．利用发电车更换柱上变压器（短时停电作业）的操作步骤

（1）负荷导出。

1）斗内电工升起工作斗，定位到便于作业的位置。

2）斗内电工确认变压器低压输出各相相色，使用相序表确认相序无误。

3）地面电工确认发电车低压输出总开关在断开位置。

4）杆上电工将发电车输出的 4 条低压电缆按照核准的相序与带电的低压线路主导线连接并确认连接良好。

5）倒闸操作人员启动发电车。

6）地面电工拉开变压器台低压隔离开关，再拉开熔断器。

7）倒闸操作人员合上发电车低压输出总开关，确认带出低压负荷正常。

（2）停电班组更换变压器。

1）低压负荷导出后，带电工作负责人通知工作协调人。工作协调人通知停电工作负责人可以开始工作。

2）停电工作负责人按照配电第一种工作票内容与值班调控人员联系，确认可以开工。

3）杆上电工用 10kV 验电器对变压器高压母线进行验电，验明无电后挂第一组接地线。

4）斗内电工分别拆除变压器低压刀闸上引线与低压线路连接处的线夹并将上引线可靠固定，用绝缘毯对起吊范围内的低压带电部分进行绝缘遮蔽。

5）杆上电工在低压隔离开关外侧挂好第二组接地线。

6）更换柱上变压器。

7）工作完成后，拆除两组接地线，地面电工先合上熔断器。

8）斗内电工用电压表测量低压出口电压，确认电压正常。

9）斗内电工按照“原拆原搭”的原则，恢复低压隔离开关至低压主线路的二次上引线，返回地面。

10）斗内电工用相序表在变压器低压隔离开关处核对相序无误。

（3）恢复原运行方式。

1）倒闸操作人员拉开发电车低压输出总开关，确认低压侧无负荷。

2）地面电工合上低压隔离开关，确认带出低压负荷正常。

3）杆上电工带电拆除发电车与低压线路连接的 4 条电缆，并恢复低压导线的绝缘，返回地面。

4）作业人员回收 4 条低压电缆。

2. 利用移动箱式变压器车更换柱上变压器（短时停电作业）的操作步骤

（1）作业人员组装旁路系统。

1）移动箱式变压器车定位于适合作业位置，将移动箱式变压器车的工作接地（N 线）与柱上变压器的接地极可靠连接。

2）移动箱式变压器车外壳应可靠接地，并应与柱上变压器的工作接地保持 5m 以上距离。

3）绝缘斗臂车、吊车进入工作现场，定位于最佳工作位置并装好接地线。

4）斗内电工穿戴好安全防护用具，进入工作斗，扣好安全带保险环。

5）斗内电工升起工作斗，定位到便于杆上作业的位置。

6）斗内电工对作业范围内不能满足安全距离要求的带电体和接地体进行绝缘遮蔽。

7）斗内电工调整工作斗定位于安装旁路负荷开关位置，在杆上电工配合下安装旁路负荷开关及余缆工具，旁路负荷开关外壳应良好接地。

8）作业人员根据施工方案敷设旁路设备地面防护装置。

9）斗内电工、杆上电工相互配合将与移动箱式变压器连接的旁路电缆首端按相位色与旁路开关负荷侧连接好。

10）作业人员在敷设好的旁路设备地面防护装置内敷设移动箱式变压器车的高压旁路电缆，检查无误后，作业人员盖好旁路设备地面防护装置保护盖。

11）斗内电工、杆上电工相互配合将与架空线连接的旁路高压引下电缆一端与旁路开关电源侧按相位色连接好，将剩余电缆可靠固定在余缆工具上，杆上电工返回地面。

12）斗内电工合上旁路负荷开关，使用绝缘测试仪对组装好的高压旁路设备进行绝缘性能检测，绝缘电阻应不小于500MΩ。

13）斗内电工将旁路电缆分相可靠接地充分放电后，将旁路负荷开关拉开。

14）作业人员将旁路高压电缆终端按照核准的相位安装到移动箱式变压器主进开关对应的电缆插座上。

15）斗内电工使用绝缘操作杆按相位依次将旁路负荷开关电源侧旁路高压引下电缆与带电主导线连接好后返回地面。

16）作业人员将移动箱式变压器低压侧电缆按相位连接好。

17）作业人员将移动箱式变压器低压输出的4条电缆与带电的低压线路主导线进行连接。

（2）倒闸操作人员进行倒闸操作，原柱上变压器负荷由移动箱式变压器带出。

1）合上旁路负荷开关，锁死保险环。

2）合上移动箱式变压器高压侧断路器。

3）在移动箱式变压器低压断路器两侧核对相序，确保相序正确。

（3）停电作业班组更换变压器。

1）低压负荷导出后，带电工作负责人通知工作协调人。工作协调人通知停电工作负责人可以开始工作。

2）停电工作负责人按照配电第一种工作票内容与值班调控人员联系，确认可以开工。

3）地面电工拉开低压隔离开关，再拉开熔断器。

4）倒闸操作人员合上移动箱式变压器低压侧断路器，检查确认低压负荷带出正常。

5）杆上电工用10kV验电器对变压器高压母线进行验电，验明无电后挂第一组接地线。

6）杆上电工带电逐相断开低压隔离开关至低压主线路的二次上引线，并对低压主线路连接点进行绝缘遮蔽。

7）杆上电工在低压隔离开关外侧挂好第二组接地线。

8）更换柱上变压器。

9）更换柱上变压器工作完成后，拆除两组接地线，倒闸操作人员合上熔断器。

10）杆上电工用电压表测量低压出口电压，确认电压正常。

11）杆上电工按照“原拆原搭”的原则，恢复低压隔离开关至低压主线路的二次上引线，返回地面。

12）杆上电工在变压器低压隔离开关处核对相序，确保相序正确。

（4）倒闸操作，恢复原运行方式。

1）倒闸操作人员拉开移动箱式变压器低压输出总断路器。

2）倒闸人员拉开移动箱式变压器电源侧高压断路器。

3）地面电工合上柱上变压器低压隔离开关，确认带出低压负荷正常。

4）杆上电工拆除移动箱式变压器低压输出的4条电缆与低压主导线的连接。

5）作业人员拆除移动箱式变压器低压输出的4条电缆终端。

（5）带电人员拆除旁路设备。

1）停电工作负责人通知工作协调人，工作完毕；工作协调人通知带电工作负责人拆除旁路设备。

2）斗内电工拉开旁路负荷开关。

3）带电工作负责人确认旁路负荷开关在断开位置，斗内电工使用绝缘操作杆拆除旁路负荷开关电源侧高压引下线与带电主导线连接，恢复导线绝缘及密封，拆除杆上绝缘遮蔽用具。

4）斗内电工合上旁路负荷开关，对旁路电缆可靠接地充分放电后，再拉开旁路负荷开关。

5）作业人员拆除移动箱式变压器车电源侧旁路电缆终端。

6）斗内电工依次拆除旁路电缆、旁路负荷开关及余缆工具返回地面。

7）回收旁路设备和低压电缆。

3．安全措施及注意事项

（1）作业人员在安装或拆除工作接地时应戴绝缘手套。

（2）带电、停电配合作业的项目，当带电、停电作业工序转换时，应指定现场协调人统一协调带电、停电作业，确认无误后，方可开始工作。

（3）负荷导出和恢复原运行方式前应在低压断路器处核对相序。

（4）在作业时，吊车操作人员在起吊变压器时应听从指挥。

（5）上、下传递工具、材料均应使用绝缘绳传递，严禁抛掷。

（6）新变压器安装完毕投入运行前，应由施工方出具竣工报告并试验合格，履行相关手续。

（7）涉及带电与停电作业相配合时，应设立工作协调人，用以保证两个班组之间正确安全地工作。

5.4.3 综合不停电作业法旁路作业检修架空线路

1．操作步骤

（1）架空敷设。

1）斗内电工用电流检测仪测量架空线电流，确认电流不超过200A。

2）安装旁路电缆输送装置。

3）牵引展放旁路电缆。

4）电源侧和负荷侧电杆上安装旁路负荷开关和余缆支架（架空敷设时开关比输送绳高1～1.5m，余缆支架比开关低0.5m左右；地面敷设时开关安装在距地面5m左右），并将旁路负荷开关外壳接地。

5）在电源侧和负荷侧电杆处，将旁路电缆、旁路高压引下电缆和旁路负荷开关可靠接续。

6）将旁路电缆首、末端高压转接电缆引下线分别置于悬空位置，依次合上电源侧和负荷侧旁路负荷开关，斗内电工配合地面人员检测旁路系统绝缘电阻（应不小于500MΩ）。对旁路系统进行有效放电。

7）绝缘电阻检测完毕后，斗内电工分别断开电源侧和负荷侧旁路负荷开关，并锁死保险环。

8）斗内电工将工作斗调整至带电导线横担下侧适当位置，使用验电器对绝缘子、横担进行验电，确认无漏电现象。

9）斗内电工对作业范围内不满足安全距离的带电体和接地体进行绝缘遮蔽。

10）斗内电工使用绝缘操作杆将两侧旁路高压引下电缆按照相序标识与架空线路可靠连接。

（2）倒闸操作，旁路回路投入运行。

1）合上电源侧旁路负荷开关。

2）在负荷侧旁路负荷开关处核相，确认相位无误，合上负荷侧旁路负荷开关。

3）用电流检测仪检测高压引下电缆的电流，确认通流正常。

（3）待检修架空线路退出运行。

1）斗内电工断开负荷侧三相耐张引线，并设置绝缘遮蔽。

2）斗内电工断开电源侧三相耐张引线，并设置绝缘遮蔽。

3）用电流检测仪检测旁路高压引下电缆电流，确认通流正常。

（4）配合线路检修班检修架空线路。

（5）架空线路检修完毕，依次将电源侧和负荷侧电杆上三相耐张引线可靠连接，使用电流检测仪检测线路电流，确认通流正常。

（6）依次断开负荷侧和电源侧旁路负荷开关，拆除负荷侧和电源侧各旁路开关高压引下电缆，合上各旁路开关，对全线路旁路电缆进行充分放电。

（7）绝缘斗退出不停电作业区域，作业人员返回地面。拆除敷设的旁路电缆及旁路电缆输送装置。

2．安全措施及注意事项

（1）输送绳与电缆导入轮及输送绳与输送绳之间的连接应牢固、可靠。

（2）输送绳受力后，在紧线工具卷槽内输送绳匝数不得低于5圈。

（3）在输送绳安装过程中，与有电设备应保持足够的安全距离。

（4）旁路柔性电缆采用地面敷设时，应对地面的旁路作业设备采取可靠的绝缘防护措施后方可投入运行，确保绝缘防护有效。

（5）旁路柔性电缆采用地面敷设时，旁路电缆运行期间，应派专人看守、巡视，防止外人碰触。

（6）合上旁路负荷开关，旁路电缆投入运行前应确认相位正确。

（7）旁路电缆绝缘检测后和退出运行后应充分放电，方可接触。

（8）带电、停电配合作业的项目，当带电、停电作业工序转换时，双方工作负责人应进行安全技术交接，确认无误后，方可开始工作。

（9）停电检修线路应落实相应的安全措施，恢复线路运行前，应检查确认符合送电条件。

（10）敷设旁路电缆时，牵引速度应均匀；电缆不得与地面或其他硬物摩擦；牵引时，电缆不得受力，旁路电缆接续时应清洁并接续牢固可靠，接头两侧固定好连接器，牵引过程严禁受力。

（11）连接旁路作业设备前，应对各接口进行清洁和润滑：用不起毛的清洁纸或清洁布、无水酒精或其他电缆清洁剂清洁；确认绝缘表面无污物、灰尘、水分、损伤。在插拔界面均匀涂润滑硅脂。

（12）组装完毕并投入运行的旁路作业装备可以在雨、雪天气运行，但应做好防护。禁止在雨、雪天气进行旁路作业装备敷设、组装、回收等工作。

（13）根据旁路高压引下电缆接线端子的不同，亦可采用绝缘手套法带电断、接旁路高压引下电缆接头。

5.4.4 综合不停电作业法旁路作业检修电缆线路

1．操作步骤

（1）布置旁路设备防护装置。

（2）敷设旁路设备柔性电力，旁路电缆地面敷设中如需跨越道路时，应使用电力架空跨越支架将旁路电缆架空敷设并可靠固定。

（3）使用电缆中间连接器按相位色连接旁路柔性电缆，盖好旁路设备地面防护装置保护盖。

（4）旁路电缆地面敷设中如需跨越道路时，应使用电缆架空跨越支架将旁路电缆架空敷设并可靠固定。

（5）使用绝缘测试仪对组建好的旁路回路进行绝缘性能检测，绝缘电阻应不小于500MΩ。

（6）绝缘性能检测完毕后使用绝缘放电杆对旁路设备进行充分的放电。

（7）电缆检修人员依次将旁路回路两端的旁路柔性电缆终端接入两侧环网箱备用间隔开关的出线侧。

（8）环网箱操作人员进行倒闸操作，将旁路回路与原电缆线路并列运行。

（9）确认旁路负荷开关在断开位置，合上电源侧环网箱备用间隔开关。

（10）合上负荷侧环网箱备用间隔开关。

（11）在旁路负荷开关处进行核相。

（12）相位正确后，合上旁路负荷开关。

（13）电缆工作负责人检查旁路回路的分流状况。

（14）环网箱操作人员进行倒闸操作，将待检修电缆线路运行改检修。

1）待检修电缆线路运行改检修操作前应进行验电。

2）拉开电源侧待检修电缆间隔开关。

3）拉开负荷侧待检修电缆间隔开关。

4）电缆检修人员检修电缆。

5）环网箱操作人员进行倒闸操作，将检修完毕的电缆线路由检修改运行。合负荷侧环网箱进线间隔开关前，应对检修的电缆线路进行核相。

（15）环网箱操作人员进行倒闸操作，旁路回路由运行改检修。

1）拉开负荷侧环网箱备用间隔开关。

2）拉开旁路负荷开关。

3）拉开电源侧环网箱备用间隔。

4）依次从两侧环网箱的备用间隔开关出线端拆除旁路柔性电缆终端。

2．安全措施及注意事项

（1）组建旁路回路应按要求连接旁路柔性电缆与连接器，快速插拔接口、接头的绝缘部分应进行清洁和涂抹绝缘硅脂。

（2）旁路电缆地面敷设跨越道路时，应采用架空敷设的方式。

（3）敷设旁路电缆时，须由多名作业人员配合使旁路电缆离开地面整体敷设，防止旁路电缆与地面摩擦，且不得受力。

（4）打开环网箱柜门前应检查环网箱箱体接地装置的完整性，在接入旁路柔性电缆终端前，应对环网箱开关间隔出线侧进行验电。

（5）绝缘电阻检测完毕、拆除旁路设备前、拆除电缆终端后，均应进行充分放电，用绝缘放电杆放电时，绝缘放电杆的接地应良好。

（6）连接旁路作业设备前，应对各接口进行清洁和润滑：用不起毛的清洁纸或清洁布、无水酒精或其他电缆清洁剂清洁；确认绝缘表面无污物、灰尘、水分、损伤。在插拔界面均匀涂润滑硅脂。

（7）旁路柔性电缆采用地面敷设时，应对地面的旁路作业设备采取可靠的绝缘防护措施后方可投入运行，确保绝缘防护有效。

（8）旁路电缆运行期间，应派专人看守、巡视，防止外人碰触。

（9）不得强行解锁环网箱“五防”装置。

（10）待检修电缆线路负荷电流不应超过200A。旁路回路投入运行后，应每隔半小时检测一次回路的负荷电流，监视其运行情况。

（11）操作环网箱开关，检测旁路回路整体绝缘电阻，放电时应戴绝缘手套。

（12）倒闸操作应使用操作票。

（13）电缆检修完毕投入运行前，应由施工方出具竣工报告并试验合格，履行相关手续。

5.4.5 综合不停电作业法旁路作业检修环网箱

1．操作步骤

（1）布置旁路设备防护装置。

（2）敷设旁路设备柔性电缆，旁路电缆地面敷设中如需跨越道路时，应使用电力架空跨越支架将旁路电缆架空敷设并可靠固定。

（3）使用电缆中间连接器按相位色连接旁路柔性电缆，盖好旁路设备地面防护装置保护盖。

（4）旁路电缆地面敷设中如需跨越道路时，应使用电缆架空跨越支架将旁路电缆架空敷设并可靠固定。

（5）使用绝缘测试仪对组建好的旁路回路进行绝缘性能检测，绝缘电阻应不小于500MΩ。

（6）绝缘性能检测完毕后用绝缘放电杆对旁路设备进行充分的放电。

（7）环网箱操作人员进行倒闸操作，将待检修环网箱馈线间隔开关由运行改检修。

（8）电缆检修人员依次将旁路回路两端及其分支回路的三个旁路柔性电缆终端接入两侧环网箱备用间隔开关的出线端和待检修环网箱馈线的环网箱。

（9）环网箱操作人员进行倒闸操作，将旁路回路及其分支回路由检修改运行。

1）将待检修环网箱的负荷侧环网箱备用间隔开关由检修改热备用。

2）将待检修环网箱的电源侧环网箱备用间隔开关由检修改运行。

3）在待检修环网箱的负荷侧环网箱备用间隔开关处进行核相。

4）将待检修环网箱的负荷侧环网箱备用间隔开关由热备用改运行。

（10）电缆工作负责人检查旁路回路的分流状况。

（11）环网箱操作人员进行倒闸操作，待检修环网箱两进线电缆运行改检修。以其中一条进线电缆为例，过程如下：

1）将待检修环网箱进线间隔开关由运行改热备用。

2）将待检修环网箱进线电缆对侧环网箱相应间隔开关由运行改检修。

3）将待检修环网箱进线间隔开关由热备用改检修前应进行验电。

4）将待检修环网箱进线间隔开关由热备用改检修。

（12）电缆工作负责人检查旁路回路的负荷状况。

（13）电缆检修人员检修环网箱。

（14）环网箱检修完毕，依次在各间隔开关出线端接好各条进线电缆与馈线电缆终端。

（15）环网箱操作人员进行倒闸操作，环网箱两进线电缆由检修改运行。以第二条进线电缆为例，过程如下：

1）将环网箱进线间隔开关由检修改热备用。

2）将该进线电缆对侧环网箱相应间隔开关由检修改运行。

3）在环网箱进线间隔开关处进行核相。

4）将环网箱进线间隔开关由热备用改运行。

（16）电缆工作负责人检查旁路回路的负荷状况。

（17）环网箱操作人员进行倒闸操作，将旁路回路及其分支回路由运行改检修。

a．将新环网箱的负荷侧环网箱备用间隔开关由运行改热备用。

b．将新环网箱的电源侧环网箱备用间隔开关由运行改检修。

c．将新环网箱的负荷侧环网箱备用间隔开关由热备用改检修。

（18）电缆检修人员依次从两侧环网箱备用间隔开关的出线端拆除旁路回路两端及其分支回路的三个旁路柔性电缆终端，恢复环网箱进线电缆接线。

（19）环网箱操作人员进行倒闸操作，将新环网箱馈线间隔开关由检修改运行。

（20）回收旁路电缆和设备。

2．安全措施及注意事项

（1）组建旁路回路应按要求连接旁路柔性电缆与连接器，快速插拔接口、接头的绝缘部分应进行清洁和涂抹绝缘硅脂。

（2）旁路电缆地面敷设跨越道路时，应采用架空敷设的方式。

（3）敷设旁路电缆时，须由多名作业人员配合使旁路电缆离开地面整体敷设，防止旁路电缆与地面摩擦，且不得受力。

（4）打开环网箱柜门前应检查环网箱箱体接地装置的完整性，在接入旁路柔性电缆终端前，应对环网箱开关间隔出线侧进行验电。

（5）绝缘电阻检测完毕、拆除旁路设备前、拆除电缆终端后，均应进行充分放电，用绝缘放电杆放电时，绝缘放电杆的接地应良好。

（6）连接旁路作业设备前，应对各接口进行清洁和润滑：用不起毛的清洁纸或清洁布、无水酒精或其他电缆清洁剂清洁；确认绝缘表面无污物、灰尘、水分、损伤。在插拔界面均匀涂润滑硅脂。

（7）旁路柔性电缆采用地面敷设时，应对地面的旁路作业设备采取可靠的绝缘防护措施后方可投入运行，确保绝缘防护有效。

（8）旁路电缆运行期间，应派专人看守、巡视，防止外人碰触。

（9）不得强行解锁环网箱“五防”装置。

（10）操作环网箱开关，检测旁路回路整体绝缘电阻，放电应戴绝缘手套。

（11）倒闸操作应使用操作票。

（12）待检修环网箱负荷电流不应超过200A。旁路回路投入运行后，应每隔半小时检测一次回路的负载电流，监视其运行情况。

（13）环网箱检修完毕投入运行前，应由施工方出具竣工报告并试验合格，履行相关手续。

5.4.6　综合不停电作业法从环网箱（架空线路）等设备临时取电给环网箱、移动箱式变压器供电

1．由架空线路临时取电给环网箱供电操作步骤

（1）斗内电工在杆上电工配合下安装旁路负荷开关及余缆工具，旁路负荷开关外壳应良好接地。

（2）布置旁路柔性电缆及设备的地面防护装置。

（3）敷设、组装旁路柔性电缆及旁路设备。旁路电缆地面敷设中如需跨越道路时，应使用电力架空跨越支架将旁路电缆架空敷设并可靠固定。组装电缆与旁路设备时，应注意相别的正确性。组装完毕应盖好旁路设备地面防护装置保护盖，并保证中间接头盒和旁路负荷开关的外壳接地良好。

（4）斗内电工、杆上电工相互配合将与架空线连接的旁路高压引下电缆一端与旁路负荷开关电源侧按相位色连接好，将剩余电缆可靠固定在余缆工具上。

（5）斗内电工合上旁路负荷开关，使用绝缘测试仪对组装好的高压旁路设备进行绝缘性能检测，设备整体的绝缘电阻应不小于500MΩ。

（6）斗内电工使用放电棒对旁路作业装备进行充分的放电后，用操作杆拉开旁路负荷开关，并锁死保险环。

（7）电缆班组工作负责人，确认待取电的环网箱备用间隔开关在断开位

置，将旁路高压转接电缆终端按照核准的相位安装到环网箱备用间隔开关对应的电缆插座上。

（8）斗内电工将绝缘斗调整至带电导线下侧适当位置，使用验电器对绝缘子、横担进行验电，确认无漏电现象。

（9）斗内电工经工作负责人许可，使用绝缘操作杆按相位依次将旁路负荷开关电源侧旁路高压引下电缆与带电主导线连接好返回地面。

（10）倒闸操作，环网箱由进线电缆供电改临时取电回路供电。

1）将环网箱备用间隔开关由检修改热备用。

2）合上旁路负荷开关，并锁死保险环。

3）依次将环网箱的两路进线间隔开关由运行改热备用（进线电缆对侧有电，不能直接改检修状态，以防发生三相接地短路）。

4）将环网箱备用间隔开关由热备用改运行。

（11）如相位不正确，应先依次拉开环网箱间隔开关、旁路负荷开关，并对旁路柔性电缆充分放电后调整旁路高压引下电缆接头。

（12）检查临时取电回路负荷情况。

（13）临时取电工作结束，倒闸操作，环网箱由临时取电回路恢复至由进线电缆供电。

1）将环网箱备用间隔开关由运行改热备用。

2）依次将环网箱的两路进线间隔开关由热备用改运行。

3）拉开旁路负荷开关。

4）斗内电工拆除旁路高压引下电缆，并恢复主导线绝缘及密封。

（14）工作结束后，斗内电工将绝缘斗退出有电工作区域。

（15）倒闸操作，合上旁路负荷开关，将环网箱备用间隔开关由热备用改检修（可同时起到临时取电回路放电的作用）。斗内电工拆除旁路开关、余缆工具，作业人员返回地面。

（16）从环网箱备用间隔开关出线端拆除高压柔性电缆终端，恢复设备状态。

2．由环网箱临时取电给环网箱供电操作步骤

（1）布置旁路柔性电缆及地面设备防护装置。

（2）敷设、组装旁路柔性电缆及旁路设备。

（3）旁路电缆地面敷设中如需跨越道路时，应使用电力架空跨越支架将旁路电缆架空敷设并可靠固定。组装电缆与旁路设备时，应注意相别的正确性。组装完毕应盖好旁路设备地面防护装置保护盖，并保证中间接头盒外壳接地良好。

（4）将已安装的旁路电缆首、末终端接头分别置于悬空位置，对组装好的临时取电回路进行绝缘性能遥测，设备整体的绝缘电阻应不小于500MΩ。绝缘性能遥测完毕，使用绝缘放电杆对临时取电回路充分放电。

（5）工作负责人确认电源侧环网箱备用间隔和待取电环网箱备用间隔处于断开位置。

（6）作业人员将高压转接电缆终端按照核准的相位安装到待取电环网箱备用间隔对应电缆插座上。

（7）作业人员将高压转接电缆终端按照核准的相位安装到电源侧环网箱备用间隔对应电缆插座上。

（8）倒闸操作，环网箱由进线电缆供电改临时取电回路供电。

1）将待取电环网箱备用间隔开关由检修改热备用。

2）将电源侧环网箱备用间隔开关由检修改运行。

3）依次将环网箱的两路进线间隔开关由运行改热备用（进线电缆对侧有电，不能直接改检修状态，以防发生三相接地短路）。

4）将待取电环网箱的备用间隔开关由热备用改运行。

（9）如相位不正确，应将电源侧、待取电侧环网箱间隔开关改检修状态后调整相别。

（10）检查临时取电回路负荷情况。

（11）临时取电工作结束，倒闸操作，环网箱由临时取电回路恢复至由进线电缆供电。

1）将待取电环网箱的备用间隔开关由运行改热备用。

2）依次将待取电环网箱的两路进线间隔开关由热备用改运行。

3）将电源侧环网箱备用间隔开关由运行改检修。

4）将待取电环网箱的备用间隔开关由热备用改检修（可同时起到临时取电回路放电的作用）。

（12）倒闸操作，合上旁路负荷开关，将环网箱备用间隔开关由热备用改检修。

（13）从电源侧、待取电侧环网箱备用间隔开关出线端拆除高压柔性电缆终端，恢复设备状态。收回旁路作业装备。

3．安全措施及注意事项

（1）组建旁路回路应按要求连接旁路柔性电缆与连接器，快速插拔接口、接头的绝缘部分应进行清洁和涂抹绝缘硅脂。

（2）旁路电缆地面敷设跨越道路时，应采用架空敷设的方式。

（3）本项目一般情况下为无电状态下投入临时供电回路，负荷设备短时停电。如为保证负荷设备不停电，需先临时供电，再切除原供电电源，则临时取电回路投入运行操作时应进行核相。

（4）确认旁路负荷开关处于分闸位置后，在架空线路上带电挂接高压柔性电缆引流线夹。挂接引流线夹前应对不能满足安全距离的带电体和接地体进行绝缘遮蔽措施。挂接时宜按“先中间相、再两边相”的顺序进行。

（5）当斗臂车绝缘斗距带电线路1.0～2m或工作转移时，应缓慢移动，动作要平稳，严禁使用快速挡；绝缘斗臂车在作业时，发动机不能熄火（电能驱动型除外），以保证液压系统处于工作状态。

（6）敷设旁路电缆时，须由多名作业人员配合使旁路电缆离开地面整体敷设，防止旁路电缆与地面摩擦，且不得受力。

（7）打开环网箱柜门前应检查环网箱箱体接地装置的完整性，在接入旁路柔性电缆终端前，应对环网箱开关间隔出线侧进行验电。

（8）绝缘电阻检测完毕、拆除旁路设备前、拆除电缆终端后，均应进行充分放电，用绝缘放电杆放电时，绝缘放电杆的接地应良好。

（9）从架空线路临时取电，取电回路应串接旁路负荷开关以防止接、断高压引下电缆时空载电流的安全影响（或使用不停电作业用消弧开关，作业步骤将有所不同）。根据旁路高压引下电缆接线端子的不同，亦可采用绝缘手套法带电断、接旁路高压引下电缆引流线夹。

（10）连接旁路作业设备前，应对各接口进行清洁和润滑：用不起毛的清洁纸或清洁布、无水酒精或其他电缆清洁剂清洁；确认绝缘表面无污物、灰尘、水分、损伤。在插拔界面均匀涂润滑硅脂。

（11）旁路电缆运行期间，应派专人看守、巡视，防止外人碰触。

（12）不得强行解锁环网箱“五防”装置。

（13）旁路柔性电缆采用地面敷设时，应对地面的旁路作业设备采取可靠的防护措施后方可投入运行，确保绝缘防护有效。

（14）临时供电负荷电流不应超过 200A。临时取电回路投入运行后，应每隔半小时检测一次回路的负荷电流，监视其运行情况。

（15）操作环网箱开关，检测旁路回路整体绝缘电阻，放电应戴绝缘手套。

（16）倒闸操作应使用操作票。不停电作业应使用配电带电作业工作票。

5.5　不停电作业机器人作业

5.5.1　机器人带电安装接地环

1. 操作步骤

（1）进入作业区域。绝缘承载平台操作员经工作负责人许可后，对机器人进行原点定位，定位结束后操作绝缘承载平台，进入作业区域，机器人本体移动应平稳匀速。

（2）三相建模。在工作负责人的监护下，绝缘承载平台操作员转移机器人本体至合适工作位置，进行位姿三相建模。

（3）确认点位。在工作负责人的监护下，终端箱操作员根据终端箱界面引导确认自动点云分割计算出来的三相作业数据是否正确。选点正确，则获取作业点位数据；选点不正确，则手动选点，再获取作业点位数据。

（4）单相作业。

1）执行取剥线器任务。

2）执行剥线器到主线下方任务。

3）执行精确计算剥线点任务。

4）执行剥线任务。

5）剥线完成后，放回剥线器，并执行去接地环任务。

6）执行接地环到主线下方任务。

7）执行精确计算挂线点任务。

8）执行挂接地环任务。

9）执行接地环反转分离任务。

10）接地环脱离完成后，放回接地环工具。

（5）其余两相作业。具体步骤同步骤（4）。

（6）工作验收。安装接地环任务结束后，承载平台操作员操作车辆使机器人撤出作业区域。

（7）撤离杆塔。下降机器人返回地面、收回绝缘臂时应注意绝缘承载平台周围杆塔、线路等情况。

2．安全措施及注意事项

（1）当相对湿度大于80%时，应采取防潮措施，随车携带防雨布，预防突发性雨水天气。如遇雷电（听见雷声、看见闪电）、雪、雹、雨、雾或风大于等于5级等，禁止机器人作业。

（2）停车点标定完成后，在作业过程中不能再移动RTK基站的位置，也不能更换RTK电池。

（3）在进入、撤出作业区域时：应无大幅晃动现象；机器人本体下降、上升的速度不应超过0.5m/s；机器人本体边沿的最大线速度不应超过0.5m/s。

（4）移机器人本体时应注意绝缘承载平台周围杆塔、线路等情况，绝缘臂的金属部位与带电体和地电位物体的距离大于1.0m。

（5）进入作业区域作业后，绝缘承载平台绝缘臂的有效绝缘长度不应小于1.0m。

（6）建模时应注意：机器人与主导线平行；保持机器人距离最近的主导线、引线距离为1～1.5m；3D激光模组大致处于引线正前方。

（7）机器人在锁线夹过程中出现问题，线夹未锁紧、锁紧过程中主线或引线脱离线夹，由不停电作业人员乘坐载人斗对未装好的线夹进行调整，重新手动安装。

5.5.2 机器人带电接分支线路引线

1．操作步骤

（1）进入作业区域。绝缘承载平台操作员经工作负责人许可后，对机器人进行原点定位，定位结束后操作绝缘承载平台，进入作业区域，机器人本体移动应平稳匀速。

（2）三相建模。在工作负责人的监护下，绝缘承载平台操作员转移机器人本体至合适工作位置，对主导线和引线场景进行建模。

（3）确认主导线和引线。在工作负责人的监护下，终端箱操作员根据终端箱界面引导确认主导线和引线，并下发计算得到各相搭接最佳工作位置。

应注意，引线的抓线点应处于引线弧度最高点。

（4）搭接外边相引线。

1）获得工作负责人的许可后，承载平台操作员根据终端箱操作员引导，将机器人移动至指定位置。

2）终端箱操作员进行单相建模。

3）根据界面引导剥除主导线绝缘层，搭接引线。

（5）搭接中间相引线。具体步骤同搭接外边相引线。

（6）搭接内边相引线。具体步骤同搭接外边相引线。

（7）工作验收。承载平台操作员操作车辆使机器人撤出作业区域。

（8）撤离杆塔。下降机器人返回地面、收回绝缘臂时应注意绝缘承载平台周围杆塔、线路等情况。

2．安全措施及注意事项

（1）当相对湿度大于 80%时，应采取防潮措施，随车携带防雨布，预防突发性雨水天气。如遇雷电（听见雷声、看见闪电）、雪、雹、雨、雾或风大于等于 5 级等，禁止机器人作业。

（2）停车点标定完成后，在作业过程中不能再移动 RTK 基站的位置，也不能更换 RTK 电池。

（3）在进入、撤出作业区域时：应无大幅晃动现象；机器人本体下降、上升的速度不应超过 0.5m/s；机器人本体边沿的最大线速度不应超过 0.5m/s。

（4）移机器人本体时应注意绝缘承载平台周围杆塔、线路等情况，绝缘臂的金属部位与带电体和地电位物体的距离大于 1.0m。

（5）进入作业区域作业后，绝缘承载平台绝缘臂的有效绝缘长度不应小于 1.0m。

（6）建模时应注意机器人与主导线平行；保持机器人距离最近的主导线、引线距离为 1～1.5m；3D 激光模组大致处于引线正前方。

（7）机器人在锁线夹过程中出现问题，线夹未锁紧、锁紧过程中主线或引线脱离线夹，由作业人员乘坐载人斗对未装好的线夹进行调整，重新手动安装。

5.5.3 机器人带电安装驱鸟器

1．操作步骤

（1）进入作业区域。绝缘承载平台操作员经工作负责人许可后，对机器人进行原点定位，定位结束后手动操作绝缘承载平台，进入作业区域，机器人本体移动应平稳匀速。

（2）位姿建模。在工作负责人的监护下，绝缘承载平台操作员转移机器人本体至合适工作位置，进行位姿建模。

（3）确认点位。在工作负责人的监护下，终端箱操作员根据终端箱界面引导确认驱鸟器安装位置。

（4）安装驱鸟器。

1）执行取驱鸟器任务。

2）执行精确计算安装点任务。

3）执行安装驱鸟器任务。

（5）工作验收。安装驱鸟器任务结束后，承载平台操作员操作车辆使机器人撤出作业区域。

（6）撤离杆塔。下降机器人返回地面、收回绝缘臂时应注意绝缘承载平台周围杆塔、线路等情况。

2．安全措施及注意事项

（1）当相对湿度大于 80%时，应采取防潮措施，随车携带防雨布，预防突发性雨水天气。如遇雷电（听见雷声、看见闪电）、雪、雹、雨、雾或风大于等于 5 级等，禁止机器人作业。

（2）停车点标定完成后，在作业过程中不能再移动 RTK 基站的位置，也不能更换 RTK 电池。

（3）在进入、撤出作业区域时，应无大幅晃动现象；机器人本体下降、上升的速度不应超过 0.5m/s；机器人本体边沿的最大线速度不应超过 0.5m/s。

（4）移动机器人本体时应注意绝缘承载平台周围杆塔、线路等情况，绝缘臂的金属部位与带电体和地电位物体的距离大于 1.0m。

（5）进入作业区域作业后，绝缘承载平台绝缘臂的有效绝缘长度不应小于 1.0m。

（6）建模时应注意机器人与主导线平行；保持机器人距离最近的主导线、引线距离为 1～1.5m；3D 激光模组大致处于引线正前方。

（7）机器人在锁线夹过程中出现问题，线夹未锁紧、锁紧过程中主线或引线脱离线夹，由作业人员乘坐载人斗对未装好的线夹进行调整，重新手动安装。

第6章　低压不停电典型作业项目及安全注意事项

根据低压配电网的结构和工作需要，低压配网不停电作业常见的项目分为以下三大类：

（1）架空线路作业。架空线路作业是指在低压架空线路不停电的情况下进行不停电作业，包括接户线及线路断接电源引线操作、低压线路设备安装更换等。常见作业项目有带电断、接架空线路电源引线，带电更换直线杆绝缘子及横担，带电更换直线杆。

（2）配电箱（柜）作业。配电箱（柜）内采用橡塑绝缘电线或电缆进出线的，可采用不停电作业断接低压配电箱（柜）进出线电源以及配电箱有关设备安装更换等。配电箱（柜）内进出线采用铜排硬连接，不宜进行不停电作业。常见的作业项目有带电断接配电箱（柜）出线电源、带电更换配电箱（柜）、带电更换低压开关。

（3）低压计量表计作业。低压计量表计作业是针对低压用户临时取电和电表更换需求，安装、更换直接式或带互感器电能表等。常见的作业项目有带电更换三相四线电能表、带电隔离故障的电能表。

6.1　架空线路作业

架空线路作业包括断接电源引线、更换直线杆横担及绝缘子、更换直线杆。

6.1.1　带电搭接架空线路电源引线

新增低压接户线、新增分支线路、耐张段的负荷调整转移三种情况都需要搭接电源引线。带电搭接架空线路电源引线根据现场条件和杆型，作业人员工作位置可采用登杆、绝缘梯、绝缘斗臂车，接户线一般采用登杆、绝缘梯作业，耐张杆或分支杆上的电源搭接通常使用绝缘斗臂车。

低压接户线采用架空绝缘导线、橡塑绝缘电线、电缆，而分支杆的支线路导线一般采用架空绝缘导线、电缆，作业前应检查电源引线绝缘层的外观，无破皮，导体无外露，如果采用裸导线则需要使用绝缘毯或套管防护罩对其进行绝缘包扎。导线端部用绝缘套头封闭或用电工胶带包扎。

6.1.1.1　带电搭接低压接户线

带电搭接低压接户线，作业人员可采用登杆或使用绝缘梯进行不停电作业，作业工位受限的可采用绝缘斗臂车进行作业，下面以登杆作业为例介绍。

（1）作业前办理相关工作任务单（或工作票），开工前检查工器具及材料。

（2）现场勘察是否具备不停电作业条件，确定相应的措施。现场进行工作任务分工及安全交代。

（3）根据工作任务单核对用户的计量装置（电能表）资产编号。

（4）登杆至合适位置，系好安全带，以安全帽不触及或超过架空导线，手能灵活方便地操作为佳。用验电笔检查横担对地确无电位差（电压）后，把绳索拴在主构件上；利用专用绳索传递接户线，解开绳索，使接户线位于接户横担相应的蝶式绝缘子（俗称“茶台”）上，用绑线固定，绑扎长度视导线截面而定，并留有足够长度用作引线（与架空导线连接部分）。

（5）把引线固定在架空导线上的合适位置，引线在架空导线上方应顺幅度向下弯曲，做好防渗水措施，以防止雨水从连接处顺着线芯到达电能表，造成电能表短路而烧表。

（6）用专用绝缘电工刀去掉引线与架空导线连接部分的绝缘皮层（裸导线则省略此步骤），再利用多股引线线芯中的任意一根卷成环状，暂将引线与架空导线固定在一起，而后用绑线加以绑扎，其长度视接户线截面而定。搭接顺序应遵循“先搭零线、后搭相线”的原则。搭接工作完毕，检查导线和杆上无遗留物后，返回地面。

6.1.1.2 带电搭接分支路或耐张杆电源

带电搭接分支路或耐张杆电源，杆上线路结构较为复杂，作业人员通常采用绝缘斗臂车进行作业，分支路如果为架空电缆时也可采用登杆作业。下面以采用绝缘斗臂车作业为例介绍。

（1）作业前办理相关工作票。

（2）工器具及材料检查并装设好安全围拦网、标识。

（3）检查确认搭接点负荷侧的断路器、隔离开关已断开，处于空载。

（4）绝缘斗臂车停放至预定位置，并试操作检查。

（5）绝缘斗臂车斗内作业人员使用低压验电器对电源线路的横担及导线逐相验电，确认绝缘良好无漏电情况，分清三相相线和中性线，并对中性线采用记号笔做标识。

（6）绝缘斗臂车斗内作业人员低压验电器对待搭接线路的三相导线以及中性线验电，确认无电压。

（7）带电体、接地体绝缘遮蔽。绝缘斗臂车斗内作业人员使用绝缘遮蔽用具依次将不能满足安全距离的带电体、接地体遮蔽隔离。

（8）搭接电源引线。按照“由远至近”的顺序，依次搭接中性线和三相相线的引线。当一相引线搭接后，应及时恢复导线及引线金属裸露部分的外绝缘同时进行绝缘遮蔽。

（9）拆除绝缘遮蔽返回地面。工作完毕，检查导线和杆上无遗留物后拆除绝缘遮蔽，返回地面。

（10）注意事项。

1）作业全过程中，动作应轻缓，身体各部位应与其他带电设备、接地体保持有不小于 0.1m 足够的安全距离，防止同时接触两个不同电位的物体。

2）待搭接线路验电时，三相相线和中性线都应验电，检查确认待接线路负荷侧断路器、隔离开关处于断开状态，方可开始搭接引线作业。

3）安装绝缘遮蔽时，按照“从近到远、从下到上、从带电体到接地体”的原则，从离身体最近的带电体依次布置，拆除绝缘遮蔽时与之相反。使用绝缘毯时应用绝缘夹夹紧，防止脱落。

4）搭接过程中如果出现异常弧光或声响，说明是带负荷搭接电源引线或待搭接线路有相间短路或接地故障，则应立即停止作业，进行线路巡视排除异常故障，再次检查确认未断开的负荷，断开后测量无电流通过后方可继续作业。

6.1.2　带电拆除架空线路电源引线

低压接户线停役、分支线路停役、耐张段的负荷调整转移三种情况都需要拆除电源引线，带电处理断落接户线也需要拆除电源引线。作业人员可采用登杆或使用绝缘梯进行不停电作业，作业工位受限的可采用绝缘斗臂车进行作业。

6.1.2.1　带电拆除断落接户线

带电处理断落接户线通常指在接户线故障时所采取的紧急处理。其关键作业内容是带电拆除电源引线。

（1）作业前办理应急抢修单或工作任务单，开工前检查工器具及材料。

（2）现场勘察是否具备不停电作业条件，确定相应的措施。现场进行工作任务分工及安全交代。

（3）断开断路器（隔离开关），切除断落接户线的所有用电负荷。

（4）判断断落接户线的中性线、相线相别，确定中性线、相线相别后按以下两种情况分别选择相应的作业方式。

1）断落接户线为相线时，应先从故障点靠负荷侧方向的位置搭接好后，后续作业参照带电搭接低压接户线的方法进行。

2）断落接户线为中性线时，应先从故障点靠电源侧方向位置搭接好后，再将接户线拉至最近的负荷侧设备接点进行搭接作业（主要是避免负荷侧方向突然来电可能）。

（5）在接户线故障点处理完成好后，方可恢复用户侧的断路器（隔离开关），恢复正常供电。

6.1.2.2　带电拆除分支路或耐张杆电源

带电拆除分支路或耐张杆电源，杆上线路较为复杂，作业人员通常采用绝缘斗臂车进行作业，分支路如果为架空电缆时也可采用登杆作业。下面以采用绝缘斗臂车作业为例介绍。

（1）作业前办理相关工作票。

（2）工器具及材料检查并装设好安全围拦网、标识。

（3）检查确认断接点负荷侧的断路器、隔离开关已断开，处于空载状态。

（4）绝缘斗臂车停放至预定位置，并试操作检查。

（5）绝缘斗臂车斗内作业人员使用低压验电器对横担及导线逐相验电，确认绝缘良好无漏电情况。

（6）绝缘斗臂车斗内作业人员使用钳形电流表测量负荷侧线路的三相导线以及中性线的电流，线路无电流通过处于空载状态。

（7）带电体、接地体绝缘遮蔽。绝缘斗臂车斗内作业人员使用绝缘遮蔽用具依次将不能满足安全距离的带电体、接地体遮蔽隔离。

（8）拆除电源引线。按照由近至远的顺序，依次拆除三相相线和中性线的引线。当一相引线断开后，应及时恢复导线及引线金属裸露部分的外绝缘同时进行绝缘遮蔽。

（9）拆除绝缘遮蔽返回地面。工作完毕，检查导线和杆上无遗留物后拆除绝缘遮蔽，返回地面。

（10）注意事项。

1）作业全过程中，动作应轻缓，身体各部位应与其他带电设备、接地体保持有不小于0.1m足够的安全距离，防止同时接触两个不同电位的物体。

2）安装绝缘遮蔽时，按照“从近到远、从下到上、从带电体到接地体”的原则，从离身体最近的带电体依次布置，拆除绝缘遮蔽时与之相反。使用绝缘毯时应用绝缘夹夹紧，防止脱落。

3）测量电流时，不仅要测量三相相线有无电流，同时中性线也应进行测量，待确认所有相线都无电流后方可开始断引线作业。

4）拆除电源引线时，应按照由近至远的顺序，依次断开分支线路三相相线和中性线的引线，拆除电源的导线末端应用绝缘套头封闭。

6.1.3 带电更换直线杆绝缘子及横担

老旧直线杆绝缘子及横担的检修更换，可采用绝缘手套作业方式进行，其作业方法与中压配电线路直线杆绝缘子及横担基本相同。

（1）作业前办理相关工作票。

（2）工器具及材料检查并装设好安全围拦网、标识。

（3）绝缘斗臂车停放至预定位置，并试操作检查。

（4）带电体、接地体绝缘遮蔽。绝缘斗臂车斗内作业人员使用绝缘遮蔽用具依次将不能满足安全距离的带电体、接地体遮蔽隔离。

（5）更换横担及绝缘子。

1）安装绝缘抱杆及绝缘横担。绝缘斗臂车斗内作业人员在低压横担下方适当位置安装绝缘抱杆及绝缘横担，分别将四条导线嵌入绝缘横担的导线槽。

2）绝缘斗臂车斗内作业人员打开绝缘子绝缘遮蔽，逐相解除导线绑扎线。

3）绝缘斗臂车斗内作业人员操作吊臂卷扬机将导线提升到适当位置。作业过程中应始终保持有效的绝缘遮蔽。

4）地电位作业人员配合拆除横担及绝缘子。安装新横担及绝缘子并做好绝缘遮蔽，工作完成后返回地面。在装、拆横担过程中，人体、材料与带电体应保持 0.1m 及以上安全距离。

5）绝缘斗臂车斗内作业人员操作吊臂卷扬机将导线降至绝缘子上，并绑扎牢固。

6）绝缘斗臂车斗内作业人员拆除绝缘抱杆及绝缘横担。

（6）拆除绝缘遮蔽返回地面。工作完毕，检查导线和杆上无遗留物后拆除绝缘遮蔽，返回地面。

（7）注意事项。

1）安装绝缘遮蔽时，按照“从近到远、从下到上、从带电体到接地体”的原则，从离身体最近的带电体依次布置，拆除绝缘遮蔽时与之相反。使用绝缘毯时应用绝缘夹夹紧，防止脱落。

2）拆装横担、绝缘子（瓷横担）前后应使用绝缘绳索绑牢。提升导线过程中要均匀受力、固定牢靠。

3）新的绝缘子安装前应测量绝缘电阻，确认合格。

4）提升导线前及提升过程前，应检查两侧电杆上的导线扎线是否牢靠，必要时应先重新绑扎加固后方可进行作业；升降导线过程中要缓慢进行，注意控制导线弧垂弛度，防止导线晃动，避免造成相间短路。

5）导线嵌入绝缘横担的导线槽后，应立即关上保险盖，防止导线脱落。四条导线全部绑扎完毕后，才可将绝缘抱杆的导线槽保险打开。

6）解扎导线时，应将扎线卷成圈，扎线展放长度不得大于10cm。每解扎一相后应及时恢复导线上的绝缘遮蔽隔离措施。

6.1.4 带电更换直线杆

带电更换直线杆的作业方法与中压配电线路直线杆绝缘子及横担基本相同，作业过程包括带电立杆或撤杆两个关键作业任务。

（1）作业前办理相关工作票。

（2）工器具及材料检查并装设好安全围拦网、标识。

（3）绝缘斗臂车停放至预定位置，并试操作检查。

（4）带电体、接地体绝缘遮蔽。绝缘斗臂车斗内作业人员使用导线遮蔽罩、绝缘毯依次将待更换旧杆的四条导线、水泥杆、横担、绝缘子遮蔽隔离。安装绝缘遮蔽时应按照由近及远、由低到高依次进行。遮蔽长度应进行测量、计算，确保导线不被水泥杆直接碰及，并至少有0.1m的裕度。绝缘遮蔽用具应设置严密、规范、牢固。作业人员在用绝缘套管隔离导线时，动作幅度要小，力度要均匀。

（5）绝缘斗臂车斗内作业人员在电杆两侧导线绝缘遮蔽区外围安装绝缘间隔棒，再由远至近依次解开绝缘子上的绑扎线，拆除横担及绝缘子，再对电杆末端用绝缘遮蔽用具对电杆进行绝缘包扎。

（6）吊车进入作业现场。

1）吊车进入作业现场，将吊臂升至预定位置，并绑好吊点，适当收紧缆绳，使旧杆适当受力，吊车扶住电杆。对起吊工具必须检查合格，其起吊能力应满足起吊物要求，吊车的吊钩必须有防突然脱钩措施。吊车应进行可靠接地。吊点钢丝绳套应绑在电杆的适当位置，以防止电杆突然倾倒。

2）在杆中靠上位置绑上左右控制幌绳。左、右幌绳必须使用绝缘绳，设置位置应合适，其主要作用只是控制水泥杆左右摆动的幅度，调整水泥杆与带电导线的距离，不得较大受力，以免突然绷断，引起水泥杆大幅度摆动。

（7）在旧杆处开挖“马道”及刨松电杆周围填充物。

（8）撤杆。

1）在现场负责人的统一指挥下，吊车缓缓撤下电杆，地面作业人员应利用幌绳控制杆身保持平衡，减小水泥杆左右摆动的幅度，避免碰及内侧导线。并配合好吊车操作将电杆慢慢放落至地面。撤下电杆过程应保持平稳，注意各部分受力状况。控制幌绳设专人看护，听从工作负责人统一指挥。在下撤过程中，始终保持吊车吊臂与带电体2m及以上安全距离。除指挥人及指定人员外，无关人员在撤杆过程中，应远离1.2倍杆高距离，不得在起重工作区域内行走或停留。

2）拆除杆上绝缘遮蔽用具及横担、绝缘子。

3）将旧杆移至不妨碍立新杆的位置，新杆就位。

（9）立新杆。

1）将新杆根部置于“马道”上方且靠近杆坑，并在杆根做好可靠接地线。

2）检查带电体、接地体绝缘遮蔽。检查确认四条导线绝缘遮蔽符合要求，并至少有0.1m的裕度。遮蔽长度应进行测量、计算，确保导线不被水泥杆直接碰及；作业人员在遮蔽、隔离导线时，动作幅度要小，力度要均匀。

3）电杆末端进行绝缘包扎遮蔽。吊车将杆吊离地面1m左右，使用绝缘遮蔽用具对吊点以上水泥杆进行绝缘遮蔽。

4）杆中靠上位置绑上控制幌绳，控制幌绳设置位置要合适。杆根钢筋处做接地处理，水泥杆接地应使用8号圆钢线材（截面积50.24mm）作为接地线，一头焊接于打入杆坑底部的角钢接地体（长度 0.6m），另一头焊接于水泥杆根部外露的钢筋（为确保接触良好，把圆钢线材弯曲成半圆形，与水泥杆根部外露的 8 条钢筋点焊连接），水泥杆起立后，接地线和接地体随之埋入坑底。

5）在现场负责人的统一指挥下，吊车缓缓起吊电杆，地面作业人员应利用幌绳控制杆身保持平衡，减小水泥杆左右摆动的幅度，避免碰及内侧导线，并配合好吊车操作将电杆慢慢滑入杆坑。电杆起吊切入导线时应注意保持杆身稳定。

起立电杆过程应保持杆身总体平稳，注意各部分受力状况。控制幌绳设专人看护，听从工作负责人统一指挥。在起吊过程中，要始终保持吊臂与带电体 2m 及以上的安全距离。吊车操作人、挡杆根人员应穿绝缘靴和佩戴绝缘手套。同时，吊车操作人在起吊电杆的全过程不得下车，以始终保持与车体等电位。

除指挥人及指定人员外，无关人员在立杆过程中，应远离 1.2 倍杆高距离，不得在起重工作区域内行走或停留。电杆立好校正后，按规定填土夯实。

（10）安装横担及绝缘子。

1）安装前，绝缘斗臂车斗内作业人员利用小吊臂和绝缘绳将绝缘间隔棒带动导线提升至横担安装位置。

2）另一辆绝缘斗臂车的斗内作业人员安装横担及绝缘子，绝缘安装完毕后应立即做好绝缘遮蔽。

（11）绝缘斗臂车斗内作业人员拆除两侧绝缘间隔棒。

（12）固定导线。绝缘斗臂车斗内作业人员将四条导线依次置于新装横担的绝缘子上，把导线绑扎牢固。导线需绑扎牢固后，吊车吊钩方可脱离吊点。确定新立电杆牢固后，吊车撤离工作现场。

（13）拆除绝缘遮蔽，返回地面。工作完毕，检查导线和杆上无遗留物后拆除绝缘遮蔽，返回地面。

（14）注意事项。

1）开挖“马道”有效降低电杆提升高度并增加起吊电杆的稳定性，立杆作业前线路施工班组应事先开挖“马道”。立、撤杆前必须开好“马道”，防止电杆起吊过程中左右倾斜，并可防止杆梢碰到带电导线。开好“马道”前应预先利用吊车及缆绳“扶住”电杆，防止电杆倾倒。

2）安装绝缘遮蔽时，按照“从近到远、从下到上、从带电体到接地体”的原则，从离身体最近的带电体依次布置，拆除绝缘遮蔽时与之相反。使用绝缘毯时应用绝缘夹夹紧，防止脱落。

3）解扎导线时，应将扎线卷成圈，扎线展放长度不得大于10cm。每解扎一相时及时恢复导线上的绝缘遮蔽隔离措施。

4）绝缘间隔棒与导线连接应严密、牢固。

5）起吊、放落导线过程中要受力均匀，固定牢固。提升、下放导线前应进行弧垂校验，确认其处于规定值以内。

6）使用吊车立、撤杆时，钢丝绳套应吊在电杆的适当位置，以防止电杆在撤杆过程中突然倾倒。

7）拆除杆上导线前，应检查杆根，做好防止倒杆措施，挖坑前应将电杆固定。

8）左、右幌绳必须使用绝缘绳，其主要作用只是控制水泥杆左右摆动，调整水泥杆与带电导线的距离，不得较大受力，以免突然崩断，引起水泥杆大幅度摆动。

9）严格遵守起吊作业规程。对起吊工具必须检查合格，其起吊能力应满足起吊物要求。吊车的吊钩必须有防突然脱钩措施。

10）低压架空配电线路内侧两条导线的间距比中压配电线路更小，起吊电杆过程应缓慢平稳，避免碰压导线引起摆动造成相间碰触。

11）在条件允许的场所，如新旧杆适当顺线路方向位移、前后间距满足作业条件，应采用先立新杆后拆除旧杆，增加作业时导线的平稳度和弧垂点不会过低。

12）由于低压架空配电线路四条导线呈水平排列，导线间距比中压小，单绝缘防护可以作为主绝缘，所以新立杆的横担及绝缘子可以采用在起吊前预先安装，也可采用电杆立正后再进行安装。起吊前预先安装横担及绝缘子前，应测量导线高度和杆坑深度来确定横担安装位置，确保高度适宜。

6.2 配电箱（柜）作业

配电箱（柜）的进出线采用橡塑绝缘电线或电缆，可方便开展不停电作业。

6.2.1 带电搭接配电箱（柜）出线电源

配电箱（柜）需要增加的出线回路可采用不停电作业进行搭接电源。带电搭接配电箱（柜）的进线回路电源，从用户停电的角度出发，与搭接该回路上一级电源点的出线回路是等效，即在上一级的出线回路处搭接电源。

配电箱（柜）内有低压隔离开关或断路器，应先检查确已断开对出线侧停电，再搭接出线回路的电源。配电箱（柜）柜内仅有汇流母排而且没有低压隔离开关或断路器，则应先遮蔽后搭接的原则依次逐相进行。

（1）作业前办理相关工作任务单（或工作票），开工前检查工器具及材料。

（2）现场勘察是否具备不停电作业条件，确定相应的措施。现场进行工作任务分工及安全交代。

（3）根据工作任务单核对欲搭接用户的计量装置（电能表）资产编号。

（4）用验电笔验明箱体对地确无电位差（电压）后再接触表箱，断开负荷侧隔离开关，核对欲搭接导线的相序。

（5）搭接前亦应对用户的上一级电源配电箱外壳进行验电，验明对地确无电位差（电压）后再接触配电箱。核对配电箱内电源的相序，根据目测，确定进入箱内导线的长度并做好线头压接。

（6）导线进入配电箱内和搭接过程中，必须使用绝缘毯和绝缘夹进行相间隔离，安装绝缘遮蔽时应按照搭接相序的顺序依次对其他相（含中性线）进行遮蔽。例如，当搭接中性线时，应把 A、B、C 相用绝缘毯遮蔽，中性线铜排与靠近箱边隔离；特别指出，中性线与箱体的隔离主要是要防止由于三相不平衡造成中心点飘移，使中性线对地间有电位差。

（7）搭接顺序：按 N（中性线）→A 相→B 相→C 相的顺序逐相搭接，拧紧螺栓时必须使用绝缘扳手。

（8）搭接后，确认电源已连接到用户开关电源侧，检查确认安装接线无误，电能表是否潜动，带负载试验，检查电能表运行情况。箱内其他物体应清理干净，用防火泥封堵配电箱的孔洞，拆除绝缘遮蔽，并立即关好配电箱门，方可收拾工具等。

有关注意事项如下：

（1）应检查负荷侧开关已断开，确认待搭接线路处于空载状态。

（2）作业时应逐相依次进行，每相作业前应对非作业的相线、中性线、配电箱（柜）的外壳进行绝缘遮蔽，作业完成后立即恢复该相的绝缘遮蔽。

（3）应核对相序和中性线，确保接线正确无误。

6.2.2　带电拆除配电箱（柜）出线电源

配电箱（柜）需要停役的出线回路可采用不停电作业进行拆除电源。带电拆除配电箱（柜）的进线回路电源，从用户停电的角度出发，与拆除该回路上一级电源点的出线回路是等效的，即在上一级的出线回路处拆除电源。

配电箱（柜）柜内有低压隔离开关或断路器，应先检查确已断开对出线侧停电，再拆除出线回路的电源。配电箱（柜）柜内仅有汇流母排而且没有低压隔离开关或断路器，则应先遮蔽后拆除的原则依次逐相进行。

（1）作业前办理相关工作任务单（或工作票），开工前检查工器具及材料。

（2）现场勘察是否具备不停电作业条件，确定相应的措施。现场进行工作任务分工及安全交代。

（3）根据工作任务单核对欲拆除用户的计量装置（电能表）资产编号。

（4）用验电笔验明箱体对地确无电位差（电压）后再接触表箱，断开负荷侧隔离开关。

（5）拆除前亦应对用户的上一级电源配电箱外壳进行验电，验明对地确无电位差（电压）后再接触配电箱，核对确认需要拆除的出线，清除配电箱孔洞的防火泥。

（6）使用绝缘毯和绝缘夹进行相间隔离，安装绝缘遮蔽时应按照搭接相序的顺序依次对其他相（含中性线）进行遮蔽。例如：当搭接中性线时，应把 A、B、C 相用绝缘毯遮蔽，中性线铜排与靠近箱边隔离：特别指出，中性线与箱体的隔离主要是防止由于三相不平衡造成中心点飘移，使中性线对地间有电位差。

（7）拆除顺序：按 A 相→B 相→C 相→N（中性线）的顺序逐相拆除，拆除的线头拔出配电箱，松开螺栓时必须使用绝缘扳手。

（8）确认出线电源的相线和中性线已拆离。箱内其他物体应清理干净，拆除绝缘遮蔽，用防火泥封堵配电箱的孔洞，并立即关好配电箱门，方可收拾工具等。

有关注意事项如下：

（1）应检查负荷侧开关已断开，确认待断线路处于空载状态。

（2）作业时应逐相依次进行，每相作业前应对非作业的相线、中性线、配电箱（柜）的外壳进行绝缘遮蔽，作业完成后立即恢复该相的绝缘遮蔽。

6.2.3 带电更换低压配电箱

老旧的低压配电箱可采用不停电作业进行更换，作业环节包括带电断接进出线电源和箱体更换。

（1）作业前办理相关工作任务单（或工作票），开工前检查工器具及材料。

（2）现场勘察是否具备不停电作业条件，确定相应的措施。现场进行工作任务分工及安全交代。

（3）用验电笔验明箱体对地确无电位差（电压）后再接触配电箱，断开负荷侧隔离开关，确认配电箱（柜）处于空载状态。

（4）参照带电拆除配电箱（柜）出线电源的方法逐相拆除出线电源，并将导线拔出，导线端部套上绝缘套头并做好相序标识。

（5）参照带电拆除配电箱（柜）出线电源的方法逐相拆除进线电源，并将导线拔出，导线端部套上绝缘套头并做好相序标识。

（6）拆除旧的配电箱。

（7）安装新的配电箱。安装新的配电箱内部电气设备、电能表计，并检查接线正确、符合要求。

（8）参照带电搭接配电箱（柜）出线电源的方法逐相搭接进线电源，将进线的导线连接至进线接线端子上，搭接时注意保持原有相序不变。

（9）参照带电搭接配电箱（柜）出线电源的方法逐相搭接出线电源，将出线的导线连接至出线接线端子上，搭接时注意保持原有相序不变。

（10）搭接后，确认进出线电源已正常运行。箱内其他物体应清理干净，用防火泥封堵配电箱的孔洞，拆除绝缘遮蔽，并立即关好配电箱门，方可收拾工具等。

有关注意事项如下：

（1）应检查负荷侧开关已断开，确认线路处于空载状态。

（2）作业时应逐相依次进行，每相作业前应对非作业的相线、中性线、配电箱（柜）的外壳进行绝缘遮蔽，作业完成后立即恢复该相的绝缘遮蔽。

（3）拆除每相电源后应在导线端部套上绝缘套头并做好相序标识。

（4）搭接每相电源前应核对相序和中性线，确保接线正确无误。

6.2.4　带电更换小型低压开关

隔离开关、熔断器式隔离开关、微型断路器等小型低压开关常固定安装在配电箱内或墙壁上，因运行老化或规格不符合要求，需要进行更换，开关进出线接线端子都有相应的接线槽和端子，按照逐相依次作业的原则便于开展带电更换作业。

（1）作业前办理相关工作任务单（或工作票），开工前检查工器具及材料。

（2）现场勘察是否具备不停电作业条件，确定相应的措施。现场进行工作任务分工及安全交代。

（3）用验电笔验明箱体对地确无电位差（电压）后再接触配电箱，断开需要更换的低压开关（熔断器式隔离开关、微型断路器等），在出线侧验电确认无电压，即处于空载状态。

（4）参照带电拆除配电箱（柜）出线电源的方法逐相拆除出线电源，导线端部套上绝缘套头并做好相序标识。

（5）参照带电拆除配电箱（柜）出线电源的方法逐相拆除进线电源，导线端部套上绝缘套头并做好相序标识。

（6）拆除旧的低压开关（熔断器式隔离开关、微型断路器）。

（7）安装新的低压开关（熔断器式隔离开关、微型断路器）。

（8）参照带电搭接配电箱（柜）出线电源的方法逐相搭接进线电源，将进线的导线连接至进线接线端子上，搭接时注意保持原有相序不变。

（9）参照带电搭接配电箱（柜）出线电源的方法逐相搭接出线电源，将出线的导线连接至出线接线端子上，搭接时注意保持原有相序不变。

（10）搭接完成后，合上低压开关（熔断器式隔离开关、微型断路器），确认进出线电源已正常运行。箱内其他物体应清理干净，拆除绝缘遮蔽，并立即关好配电箱门，方可收拾工具等。

有关注意事项如下：

（1）应检查开关已断开，确认线路处于空载状态。

（2）作业时应逐相依次进行，每相作业前应对非作业的相线、中性线、配电箱（柜）的外壳进行绝缘遮蔽，作业完成后立即恢复该相的绝缘遮蔽。

（3）拆除每相电源后应在导线端部套上绝缘套头并做好相序标识。

（4）搭接每相电源前应核对相序和中性线，确保接线正确无误。

6.3 低压计量表计作业

计量表计作业包括带电更换不带互感器的三相四线电能表、更换带互感器的三相四线电能表、带电隔离故障的电能表。

6.3.1 更换不带互感器的三相四线电能表

（1）作业前办理相关工作任务单（或工作票），开工前检查工器具及材料。

（2）现场勘察是否具备不停电作业条件，确定相应的措施。现场进行工作任务分工及安全交代。

（3）根据工作任务单核对用户运行中的计量装置（电能表）资产编号。

（4）对箱体进行验电，用验电笔验明箱体对地确无电位差（电压）后再接触表箱，断开出线断路器或隔离开关。

（5）打开箱门检查，判别是否具备不停电作业条件，计量装置是否运行正常，电能表封印是否完好（含检定封印）。

（6）在电能表接线盒检测相序后，先按 A 相→B 相→C 相一 N（中性线）的顺序逐相拆除电能表电源进线，后按 A 相→B 相→C 相的顺序拆除电能表出线，最后再拆除原有电能表。拆除电能表进出线的过程中，应逐相套上有相色标识的绝缘套，保证原有相序不变。

（7）根据工作任务单核对用户新装电能表资产编号，更换新电能表并安装牢固，先按 C 相→B 相→A 相的顺序逐相把电能表出线接入电能表相应接线柱，后按 N（中性线）→C 相→B 相→A 相的顺序逐相把电源进线接入电能表相应接线柱，导线接头金属部分不得外露。

（8）安装完成后，检查确认安装接线无误、电能表是否潜动、带负载试验，检查电能表运行情况。把接线盒盖装上封印，外门封印。填写换回电能表的电度并经用户核对签字确认。

更换单相二线电能表可参照上述步骤进行。

6.3.2　更换带互感器的三相四线电能表

（1）作业前办理相关工作任务单（或工作票），开工前检查工器具及材料。

（2）现场勘察是否具备不停电作业条件，确定相应的措施。现场进行工作任务分工及安全交代。

（3）根据工作任务单核对用户运行中的计量装置（电能表）资产编号。

（4）对箱体进行验电，用验电笔验明箱体对地确无电位差（电压）后再接触表箱，断开出线断路器或隔离开关。

（5）打开箱门检查。判别是否具备不停电作业条件，计量装置接线是否正确，根据工作任务单核对电流互感器变比与现场的匝数是否相符，电流互感器是否烧坏、断裂，检查计量装置是否运行正常，检查电能表封印是否完好（含检定封印）。

（6）在电能表接线盒检测相序，先拆除公共线与 N（中性线）柱的连接线，再按 A 相→B 相→C 相→N 相的顺序拆除电压回路，后按 A 相 K1→B 相 K1-C 相 K1→K2 公共线（是指电流回路采用四线制）的顺序拆除电流互感器与电能表的连接线，最后再拆除原有电能表。拆除（电流回路）过程中，应逐相套上有相色标识的绝缘套。K2 公共线可不套。

（7）根据工作任务单核对用户新装出电能表资产编号，更换新电能表并安装牢固，先按 K2 公共线→C 相 K1→B 相 K1→A 相 K1 的顺序逐相把电流互感器与电能表的连接线接入电能表中相应的接线柱（电流回路），后按 N（中性线）→C 相→B 相→A 相的顺序逐相把电压线接入电能表中相应的接线柱（电压回路），最后把公共线与零线柱进行连接，防止电压线接入误碰电流回路造成短路。导线排列整齐，与接线柱连接必须牢固，导线接头金属部分不得外露。

（8）安装完成后，检查确认安装接线无误、电能表是否潜动、带负载试验，检查电能表运行情况。把接线盒盖装上加封，外门加封。填写换回电能表的电度并经用户核对签字确认。

6.3.3 带电隔离故障电能表

（1）检查表计是否已烧毁，用户负荷是否可断开等情况，判断能否采用不停电作业。

（2）发现单相烧表或三相烧表时，必须先检查用户内部断路器确已断开。

（3）登高至合适的位置，作业人员方可对故障进行排除，排除故障点。在排除故障时，必须先断开相线后断开中性线，严禁把中性线、相线同时剪断，防止相间短路。在分线箱拆除用户电源后，确认到用户断路器电源侧已无电、箱内无其他物体，应先拆除绝缘遮蔽，并立即关好箱门，方可收拾工具等。

第 7 章　典型违章及事故案例分析

7.1　典型违章

7.1.1　输电不停电作业违章清单

输电不停电作业典型违章示例见表 7-1。

表 7-1　　输电不停电作业典型违章示例

序号	违章示例	违章性质
1	作业现场的生产条件和安全设施等不符合标准、规范	管理类
2	现场工作人员劳动防护用品不合格、不齐备	管理类
3	违章指挥，强令冒险作业	管理类
4	现场使用的安全工器具配置、保管、检查和试验不符合有关要求	管理类
5	作业人员未被告知其作业现场和工作岗位存在的危险因素、防范措施及事故紧急处理措施	管理类
6	无日计划作业，或实际作业内容与日计划不符	管理类
7	现场安全措施布置不到位、安全工器具不合格	管理类
8	工作负责人（作业负责人、专责监护人）不在现场，或劳务分包人员担任工作负责人（作业负责人）	管理类
9	进入作业现场未正确佩戴安全帽	行为类
10	进行地电位不停电作业时，人身与带电体安全距离不满足要求	行为类
11	进行等电位不停电作业时，人身与接地体安全距离不满足要求	行为类
12	等电位作业人员进入强电场时，最小组合间隙不满足要求	行为类
13	带电断、接空载线路时，作业人员未戴护目镜，未采取消弧措施	行为类
14	无票作业	行为类

续表

序号	违章示例	违章性质
15	带电作业工作票延期	行为类
16	在带电线路杆塔上的工作，作业人员活动范围及其所携带的工具、材料等与带电导线安全距离小于规定	行为类
17	在带电线路杆塔上的工作，未使用绝缘无极绳索	行为类
18	在带电线路杆塔上的工作，无专人监护	行为类
19	220kV 线路杆塔上作业时未穿导电鞋	行为类
20	作业人员攀登杆塔、杆塔上转位及杆塔上作业时，失去安全保护	行为类
21	在杆塔上作业时，安全带和后备保护绳未分别使用	行为类
22	安全带和后备保护绳未挂在杆塔不同部位构件上	行为类
23	在杆塔上作业时，未使用有后备保护绳或速差自锁器的双控背带式安全带	装置类
24	安全带后备保护绳超过 3m，无缓冲器	装置类
25	使用不合格的安全带，或专作固定安全带的绳索不合格	装置类
26	现场使用的安全工器具不合格	装置类
27	不停电作业未使用非绝缘绳索	装置类
28	等电位作业人员未在衣服外面穿着合格全套屏蔽服（包括帽、衣裤、手套、袜和鞋）	装置类

7.1.2 配网不停电作业违章清单

配电不停电作业典型违章示例见表 7-2。

表 7-2　　配电不停电作业典型违章示例

序号	违章示例	违章性质
1	使用绝缘斗臂车作业时，绝缘臂下方人员逗留	管理类
2	不停电作业未进行现场勘查，即组织人员进行工作	管理类
3	风力超过 5 级时，进行不停电作业	管理类
4	约时停用或恢复重合闸	管理类
5	在作业现场，带电工器具未放置在防潮帆布上	行为类
6	不停电作业前，未对设备进行验电	行为类
7	使用绝缘斗臂车作业时，地面作业人员调整支腿	行为类
8	不停电作业前，未对绝缘工器具进行外观检查及绝缘检测	行为类
9	不停电作业过程中，绝缘手套外未使用防护手套	行为类
10	杆上作业人员未正确使用安全带	行为类

续表

序号	违章示例	违章性质
11	不停电作业过程中，作业人员未正确穿戴绝缘防护用具	行为类
12	安装、拆除绝缘遮蔽时，顺序错误	行为类
13	未核对线路名称即杆号便开始工作	行为类
14	使用绝缘杆作业时，绝缘有效长度小于 0.7m	行为类
15	使用绝缘电阻表检测绝缘工器具时未戴绝缘手套	行为类
16	进行绝缘遮蔽时，绝缘遮蔽用具之间重叠部分小于 15cm	行为类
17	安装、拆除绝缘遮蔽时，人员接触不同电位设备	行为类
18	地电位不停电作业过程中，人体与带电体距离小于 0.4m	行为类
19	带电断、接引线时，作业人员未戴护目镜	行为类
20	带电断空载线路引线时，未检测线路空载电流	行为类
21	接长距离空载电缆线路连接引线时，未使用消弧开关	行为类
22	将绝缘手套作为主绝缘对设备进行直接操作	行为类
23	带电断、接引线工作时，未做好防止引线摆动的措施	行为类
24	未使用绝缘操作杆进行消弧开关的拉、合操作	行为类
25	不停电作业过程中，斗内两名作业人员同时接触不同电位设备	行为类
26	在进行拆除、恢复直线绝缘子绑扎工作时，展开绑线过长	行为类
27	未正确办理工作终结手续	行为类
28	用手分、合旁路负荷开关	行为类
29	地电位作业过程中，未戴绝缘手套	行为类
30	在带电更换耐张绝缘子、直线杆改耐张杆等作业过程时，未采取导线后备保护措施	行为类
31	旁路负荷开关合闸前，未进行核相操作	行为类
32	旁路电缆连接器连接时，未涂硅脂	行为类
33	旁路作业时，旁路负荷开关未接地	行为类
34	地面敷设旁路电缆时，拖拽旁路电缆	行为类
35	旁路电缆横跨交通道路，未采取可靠的保护措施	行为类
36	旁路系统投运前，未进行绝缘电阻的检测	行为类
37	旁路电缆检测后，未及时充分放电	行为类

7.2 事故案例分析

7.2.1 输电不停电作业案例分析

7.2.1.1 110kV 线路带电断开引线过程发生的人身事故

1．事故简况

（1）设备概况。110kV 输电××线全长 2367km，杆塔共 76 基，69～76 号杆因设备存在危急缺陷，急需进行检修，因 66～67 号之间“T”接了一条重要线路，经考虑在 68 号耐张杆处进行断引，68～76 号空载线路断开距离为 486km，68 号为“干”字形耐张塔，导线三角排列，三相导线均采用压缩式耐张线夹。

（2）事故经过。2007 年 11 月 17 日，××供电局输电部带电班准备在 110kV ××线 68 号耐张塔实施带电断开引线作业，当天作业的工作班成员共 6 人，工作负责人高×，现场指定专责监护人许×，由胡×担任等电位电工负责断引操作。作业开始后，工作班在 68 号耐张塔 A 相向 67 号杆塔侧挂软梯。等电位电工胡×沿软梯进入电场后，感觉戴屏蔽手套操作不方便，就把两只屏蔽手套全部脱掉直接操作。地面电工将消弧绳与消弧滑车传递到作业位置后，胡×随手将消弧滑车挂在导线上，将消弧绳的软铜线在引流线的端头上打了个结，就取出扳手开始拆除引流板螺栓。此时工作负责人高×和专责监护人许×正在杆下讨论第二天的工作，并未注意到这一细节。等电位电工胡×将两个螺栓的螺帽全部拆除后，一只手抓住引流线端头，另一只手抓在耐张线夹处，喊了一句“拉一下消弧绳”就开始用力将引流线端头的引流板从螺栓上脱出。此时地面电工拉紧消弧绳，但由于软铜线未绑牢，受力后绳结自行脱开，消弧绳坠落地面，恰好此时胡×已将引流线端头从螺栓上脱出，造成两手同时触及已断开引线的两个端头，人体串入电路，空载电流由一手通过心脏流经另一手，当即死亡。

2．事故原因分析

（1）直接原因。

1）等电位电工胡×（死者）安全意识淡薄，缺乏基本的自我保护意识，作业方法不当，擅自违反操作程序和工艺要求，在消弧绳未绑牢地面人员未拉紧受力的情况下，自行开始拆除线夹螺栓，违反了《国家电网公司电力安全工作规程（线路部分）》（简称《线路安规》）8.4.1.2 条“带电断、接空载线路时作业人员应戴护目镜，并应采取消弧措施”及 8.4.1.5 条“严禁同时接触未接通的或已断开的导线两个断头，以防人体串入电路”的规定。致使消弧绳脱落，造成人体串入电路，是导致事故的直接原因。

2）等电位电工胡×违反《线路安规》8.3.2 条“等电位作业人员应在衣服外面穿合格的全套屏蔽服（包括帽、衣裤、手套、袜和鞋），且各部分应联结良好。屏蔽服内还应穿着阻燃内衣”的规定。擅自脱下屏蔽手套进行作业，是导致事故的重要原因。

（2）间接原因。

1）工作监护制度执行不力。等电位电工拆除引流板连接螺栓的作业工序是该作业项目最危险的工作内容，但工作负责人（监护人）高×，现场专责监护人许×，在分配工作任务后没有始终监护胡×的动作。违反了《线路安规》251 条中“工作负责人、专责监护人应始终在工作现场，对工作班人员的安全认真监护，及时纠正不安全的行为”的规定。工作负责人（监护人）高×，现场专责监护人许×，在当事人有危险行为时未能及时发现并有效制止是导致事故的主要间接原因。

2）工作负责人危险点分析不到位，关键危险因素未能有效辨识，安全技术交代不彻底，违反《线路安规》2.3.12 第三款“工作前对工作班成员进行危险点告知，交代安全措施和技术措施，并确认每一个工作班成员都已知晓”的规定，致使等电位电工胡×执行安全措施和技术措施不到位，是导致事故的间接原因。

3）工作班成员安全意识淡薄，违反了《线路安规》2.3.11.5 第二款“严格遵守安全规章制度、技术规程和劳动纪律，对自己工作中的行为负责，互相关心工作安全，并监督本规程的执行和现场安全措施的实施”的规定，对等电位电工胡×违章操作未及时制止，未起到有效监督的作用，是导致事故的间接原因。

（3）暴露问题。

1）安全意识淡薄，工作人员在工作过程中未严格执行《线路安规》的规定，不按作业程序随意操作，没有养成安全工作的习惯，未按规定穿着劳动防护用品。监护人员没有全过程认真履行监护责任。工作前未能全面做到作业任务清楚、危险点清楚、作业程序清楚、安全措施清楚。

2）安全素质不高，教育培训工作效果不明显，危险点分析和安全控制措施缺乏针对性，安全风险辨识不全面、不彻底。现场安全措施的确认、交代和安全技术交底内容不清晰、不具体、操作性不强。

3）作业组织混乱，作业过程随意性大，未能严格按照标准化作业流程开展工作。

3．防范措施

（1）深刻吸取事故教训，加大作业现场标准化作业指导书的执行力度，严格按照标准化作业程序逐项执行，并进行“打钩”确认后再执行下一道工序，做到不更改、不漏项。

（2）认真进行现场作业的危险点分析辨识，明确每一道工序存在的危险并采取针对性的措施。对于带电断、接引过程中消弧绳脱落的问题，可采取使用规范绳结、软铜线端部用细铁丝扎牢等措施予以防范。

（3）加强现场作业人员的安全、技术培训，提高作业人员的安全意识和自我保护意识，通过强化技术培训，提高作业人员技术水平，使其能够明确每个不停电作业项目的安全要点，作业时能执行到位。

（4）加大现场执规力度，现场作业应严格按照相关规程制度要求开展作业，杜绝习惯性违章，改变散漫、随意的作业习惯。对于不停电作业现场监护不规范、不认真、不按要求穿戴安全防护用品等情况进行严肃查究。

7.2.1.2　在110kV同塔双回线路带电更换绝缘子过程中发生的人员触电重伤事故

1．事故简况

（1）设备概况。××供电局线路工区110kV ××Ⅰ回、××Ⅱ回系双回同塔线路，因雷击造成110kV ××Ⅰ回49号塔、××Ⅱ回49号塔B相（中相）绝缘子整串闪络，该线路全长19.6km，杆塔基数56基，49号塔为直线塔，塔型为110ZGU2鼓型铁塔，该型铁塔上横担与中横担间距2.5m，上导线金具及绝缘子串长1.1m。上导线与中横担的净距离为14m。

（2）事故经过。2006年6月3日，线路工区带电班准备于次日对110kV ××Ⅰ回、××Ⅱ回的雷击绝缘子进行带电更换。本次作业工作班成员共7人，准备采用地电位作业法，使用2～3滑车组作为吊线工具，进行更换绝缘子作业。由于山路较远、天气炎热，工作负责人秦×提出带2组作业工具，现场作业时Ⅰ回和Ⅱ回同时开展，这样可以缩短作业时间。但班长施×（工作票签发人）不同意，而工作负责人秦×坚持己见。两人意见不统一激烈争论，最后班长勉强同意，工作负责人秦×办理了工作票后，由于心里还有怒气，就没有认真查阅作业设备的资料，也没提出现场勘察，从班组电脑中调出上周另一条单回线路带电更换直线绝缘子串的作业指导书，将设备名称和杆塔编号修改后直接套用。2006年6月4日10时31分，作业班组到达现场，工作负责人秦×进行了简单分工和安全交代后开始作业，现场分工情况为杆上电工4人，2人一组分别承担Ⅰ回、Ⅱ回的绝缘子更换作业，地面电工3人（包括工作负责人），未设专责监护人。工作班成员任×（伤者）作为49号塔Ⅱ回的1号电工登杆挂好传递绳，此时49号塔Ⅰ回一侧的作业也同时展开，地面电工忙于传递工具，1号电工任×俯身穿越上相导线下方至中横担端部，当挂好绝缘滑车组准备返身去取导线后备保护绳时，头部对上相导线放电，当时就趴倒在横担上，脸部、肩部严重烧伤。

2．事故原因分析

（1）直接原因。

1）1号电工任×（伤者）缺乏基本的自我保护意识，对现场违章指挥盲目服从，在安全距离难以保证、失去监护，又没有采取其他安全措施的情况下冒险作业。违反了《线路安规》8.2.1条“进行地电位作业时，人身与带电体间的安全距离不得小于表8-1”的规定，是导致事故的直接原因。

2）现场作业随意性强，在人员不足的情况下，工作负责人依然强行分组进行冒险作业，致使1号电工任×作业过程失去监护。违反了《线路安规》8.1.5条中“带电作业应设专责监护人。监护人不得直接操作。监护范围不得超过一个作业点。复杂或高杆塔作业必要时应增设（塔上）监护人”的规定，是导致事故的重要原因。

3）不停电作业属高危险工作，工作负责人秦×作业前未进行现场查勘也未查阅相关资料，没有对现场工作环境、间隙距离等情况进行分析，未针对设备情况进行危险点预控采取有效措施。违反《线路安规》2.3.11.2第三款“工作前对工作班成员进行危险点告知，交待安全措施和技术措施，并确认每一个工作班成员都已知晓”的规定，也是导致事故的重要原因之一。

（2）间接原因。

1）工作班成员安全意识淡薄，违反了《线路安规》2.3.11.5第二款“严格遵守安全规章制度、技术规程和劳动纪律，对自己工作中的行为负责，互相关心工作安全，并监督本规程的执行和现场安全措施的实施”的规定，对工作负责人秦×的违章指挥没有及时制止，未起到有效监督的作用，是导致事故的间接原因。

2）作为班组安全第一责任者的带电班班长施×，事前没有坚持原则，在明知分组作业存在危险的情况下，仍然签发了工作票，纵容了工作负责人秦×的违章做法。事后也没有对作业进行跟踪和监督。违反了《线路安规》2.3.11第三款“所派工作负责人和工作班成员是否适当和充足”的规定，是导致事故的间接原因。

3）110ZGU2鼓型铁塔塔头设计不合理，未充分考虑带电登杆检查、不停电作业时人员的活动范围，也是导致事故的间接原因之一。

（3）暴露问题。

1）班组安全基础薄弱，安全管理的执行力欠缺。作为安全第一责任人的班组长没有坚持“安全第一，预防为主”的方针，反习惯性违章旗帜不鲜明。

2）工作组织不严谨，安全预控措施流于形式。未进行现场查勘，没有对现场接线方式、设备特性、工作环境、间隙距离等情况进行分析，随意套用其他线路的作业指导书，未对“安全距离较小”等重要危险点采取控制措施，危险点分析预控流于形式。

3）现场标准化作业管理不认真。人员不足，冒险作业，工作负责人违反《线路安规》的规定，直接参与工作，未尽到监护职责。

3．防范措施

（1）安全措施。

1）认真吸取事故经验教训，强化规章制度的刚性和安全管理的执行力，杜绝习惯性违章，改变随意的作业习惯。不停电作业现场应做到人员充足，监护到位。

2）认真进行现场作业的危险点分析辨识，针对设备结构、作业特点采取针对性的有效措施。

3）加强现场作业人员的安全教育，强化技术培训，提高作业人员的安全意识和自我保护意识，通过技术培训，提高作业人员技术水平，培养良好的作业习惯，特别是不停电作业人员的“安全距离”意识。

（2）技术措施。

1）对于 110kV 同塔双回线路等中横担的类似作业项目，可考虑设置绝缘挡板以限制作业人员动作范围。

2）改进作业工具和作业方法，10kV 同塔双回线路，可考虑采用作业人员不进入横担头的间接作业方式，以保证安全距离，降低作业风险。

3）在推行线路典型设计时，充分考虑线路运行维护以及不停电作业的需求，加大塔头间隙，使作业人员有足够的活动空间，从源头上杜绝因安全距离不足，而导致的事故发生。

7.2.1.3　工具管理不到位造成使用时泄漏电流增大

1．事故简况

××电力公司线路工区带电班在对 35kV 带电拆除导线遗留物时，在工作前没有对工具进行检查，到达工作现场后，甲某将绝缘小绳抛过有遗留物导线，之后又将绝缘小绳循环拉至遗留物点处，致使受潮的绝缘绳靠近导线并在工作中泄漏电流增大，幸好该工作人员反应快，及时摆脱了潮湿的绝缘绳，没有导致工作人员被击伤。事后得知该绝缘绳在前天工作中另一班组使用受潮后归还仓库时，没有告知仓库管理员。

2．事故原因分析

（1）现场工作负责人及工作人员没有对工器具进行绝缘部分外观检查及测试。

（2）仓库管理员没有按规定对入库的绝缘工器具进行检查。

（3）工作班在工作中使绝缘工器具受潮归还仓库时，没有按规定对已不合格的绝缘工器具进行及时清理，并与合格的工器具混放。

（4）暴露出多班组共同使用同一仓库工器具时，管理混乱，对带电绝缘工器具没有履行告知手续，班组间缺乏沟通，彼此不了解工器具在其他班组的使用情况。

3．防范措施

（1）工作开始前要对绝缘工具进行外观检查及绝缘测试。

（2）仓库管理员要履行职责，保证绝缘库出入工具的合格，严格按照《线路安规》要求对不停电作业工具保管、使用。

（3）工作中工器具意外损坏或受潮时要及时处理，不能及时解决的要告知仓库管理员，严格禁止不停电作业库放置不合格的工器具。

7.2.1.4　未按规定使用个人保安线造成烧伤

1．事故简况

××××年×月×日，××供电公司线路检修班趁 35kV 柳科线全线停电检修期间，进行 4 号杆 A 相小号侧防震锤复位工作，4 号杆为耐张杆塔，位于 220kV 柳庄变电站附近，周围有较多运行线路。工作负责人为刘×，工作班成员王×负责登杆作业，工作班成员梁×为地面电工，负责传递工具。为防止感应电，工作负责人刘×要求在作业相加挂一根接地线，然后离开，并指定梁×监护。王×为图省事，将接地线挂在 4 号杆 A 相小号侧耐张线夹处。王×挂好接地线后，利用过桥到达导线侧，并将已经滑跑的防震锤恢复到正确位置。正当王×收拾工具，准备离开作业点时，不小心将接地线碰脱，脱落的接地线线夹挂到了王×的裤腿上，感应电将王×棉裤点着，并将王×击昏，王×被安全带挂在导线上。梁×一时不知所措，过了一会儿才反应过来，连忙电话通知工作负责人刘×，然后赶快从汽车上拿出一个灭火器，登上杆塔，将王×身上火苗扑灭。这时，刘×赶到，指挥梁×在4号杆重新挂好地线，并将已经昏迷的王×救下来，紧急救护后，送至医院。经医疗专家诊断，下半身深度烧伤面积达70%。

2．事故原因分析

（1）工作负责人（监护人）应由有一定工作经验、熟悉《线路安规》、熟悉工作范围内的设备情况，并经工区（所、公司）生产领导书面批准的人员担任。工作负责人还应熟悉工作班成员的工作能力。本事故中，工作负责人刘×脱离监护岗位，指定经验不足、不具备监护能力的梁×当监护人，致使发生事故。

（2）工作负责人工作前应对工作班成员进行危险点告知、交代安全措施和技术措施，并确认每一个工作班成员都已知晓。同时工作负责人应督促、监护工作班成员遵守《线路安规》、正确使用劳动防护用品和执行现场安全措施。工作负责人刘×组织工作不严肃，没有交代好危险点及采取相应的预防措施，对自己的安全责任不明确。

（3）工作班成员应正确使用安全工器具和劳动防护用品。王×自我防范意识差，没有正确使用接地线，致使触电受伤。

（4）工作负责人应确认所有工作接地线均已挂设完成方可宣布开工。本案例中工作负责人没有落实安全措施是否到位。

（5）工作地段如有邻近、平行、交叉跨越及同杆塔架设线路，为防止停电检修线路上感应电压伤人，在需要接触或接近导线工作时，应使用个人保安线。本事故中，没有使用个人保安线，出现感应电伤人。

（6）梁×技术能力差，经验缺乏，出现问题惊慌失措，没有迅速采取正确方法将王×脱离电源，使王×受到较长时间伤害。

（7）工作人员缺乏安全意识，存在麻痹大意和侥幸心理。对安全措施没有深刻认识，流于形式。

3．防范措施

（1）加大反习惯性违章力度，切实加强安全教育培训，增强员工安全思想意识，提高安全技能。

（2）规范工作负责人管理，切实落实危险点管理，严格执行监护制度，使安全监护真正起到作用。

（3）加强“两票三制”的学习，深刻理解验电、挂接地和使用个人保安线的作用，开展规范化操作。

（4）深刻吸取事故教训，从人员思想入手，挖根源、找隐患，切实落实安全责任。

（5）在感应电较强的场所作业，可采用不停电作业的方式进行。

7.2.2 配网不停电作业案例分析

7.2.2.1 绝缘斗臂车停放不当致使人员跌落死亡

1．事故简况

××××年×月×日，××供电公司配电带电班对 10kV 电厂线 5 号分支线进行带电接引线作业。工作负责人蒋×带领程×和王×，驾驶单人双斗型绝缘斗臂车进行工作。到达现场后，工作负责人蒋×与调度值班员联系，办理了工作许可手续，并停用了重合闸。宣读完工作票后进行了分工，程×为斗内作业电工，王×为地面电工。绝缘斗臂车在支腿时将靠近电杆侧后腿支撑在排污沟的水泥盖板上。程×在斗内系好安全带，进入工作位置，接入两相引线时，由于连接较远一相引线时，位置够不到。程×对工作负责人说，我有办法，工作负责人没有回应，程×解开安全带从一侧工作斗跳至另一侧。由于斗臂车重心发生转移，同时斗臂车支腿处的水泥盖板突然断裂，斗臂车剧烈震动，程×从斗内被颠出坠落地面，当场死亡。

2．事故原因分析

（1）违反了《配电安规》中绝缘斗臂车支撑应稳固可靠，并有防倾覆措施的规定。

（2）违反了《配电安规》中高处作业人员在高处作业时不准失去安全保护和绝缘斗中的作业人员应正确使用安全带和绝缘工具的规定。

（3）违反了《配电安规》中绝缘斗臂车操作人员应服从工作负责人指挥的规定。

（4）工作负责人不停电作业经验不丰富，现场安全措施落实不到位。在作业人员出现不安全情况和危险动作时，没有及时制止，在事故中负主要责任。

（5）工作票签发人没有核对所派工作负责人和工作班人员是否适当和充足的规定。

（6）作业人员安全意识淡薄、自我保护意识差，作业时不服从工作负责人指挥，不熟悉相关规程和操作程序，严重违章，在本次事故中负有直接责任。

3．防范措施

（1）工作负责人是现场第一责任人，应由不停电作业经验丰富的人员担任，遇到不安全因素和危险情况时，要采取坚决、果断的措施。对作业中可能出现的问题有一定的预见性，并有相当的处理异常问题的能力。

（2）对发生事故单位进行停产整顿，加强工作票签发人、工作负责人、作业人员的安全学习和业务培训，认真吸取本次事故教训，经考试合格后才能重新参加作业。

（3）现场作业人员应相互关心，作业前认真学习相关资料，对作业中的危险点制订出相应措施。

（4）绝缘斗臂车应安装防倾覆装置，杜绝再次发生此类事故。

（5）严格执行现场勘察制度，充分了解现场周边障碍物和地下管线的情况，防止作业时发生意外。

7.2.2.2　引流线固定不牢造成电弧烧伤作业人员

1．事故简况

××供电公司带电进行带负荷更换单相隔离开关的操作，工作负责人赵×

指挥工作班成员张×和李×操作绝缘斗臂车进行作业，张×用绝缘引流线将隔离开关短接，李×用钳形电流表检查了电流，然后张×和李×配合将损坏的隔离开关上引线拆除，但当张×转移工位去拆除下引线时，斗臂车碰到绝缘引流线，绝缘引流线一头松脱，电弧将张×和李×烧伤。

2．事故原因分析

（1）违反了《国家电网公司电力安全工作规程（配电部分）》（简称《配电安规》）中组装分流线的导线处应清除氧化层且线夹接触应牢固可靠的规定。

（2）违反了《配电安规》中分流线应支撑好，以防摆动造成接地或短路的规定。

（3）工作负责人不停电作业经验不丰富，现场安全措施落实不到位。在作业人员出现不安全情况和危险动作时，没有及时制止。

（4）作业人员安全意识淡薄、自我保护意识差，不熟悉相关规程和操作程序

3．防范措施

（1）工作负责人是现场第一责任人，应由不停电作业经验丰富的人员担任，遇到不安全因素和危险情况时，要采取坚决、果断的措施。对作业中可能出现的问题有一定的预见性，并有相当的处理异常问题的能力。

（2）现场作业人员应相互关心，作业前认真学习相关资料，对危险点制订出相应措施。

（3）绝缘引流线应检查清除氧化层，线夹应接触牢固可靠，最好有闭锁装置。

（4）引流线应支撑固定良好，以防被碰到或摆动造成短路或接地。

7.2.2.3 带电更换耐张绝缘子造成电弧灼伤

1．事故简况

××××年×月×日上午，××供电局配电带电作业班作业人员刘×在带电检修过程中，发生电弧灼伤事故。检修的线路是10kV铁南中路线路9号杆，

9 号杆是一基直线杆绝缘线路，中相耐张绝缘子安装在杆头环形包箍上，由于发生松脱，需带电处理松脱的绝缘子。带电班刘×与另一名作业人员操作斗臂车上去后，刘×在未对带电体和接地体进行遮蔽的情况下，直接用金属工具去拧绝缘子的螺栓。刘×用两只手拧紧螺母后，腾开右手习惯性地去晃动导线，只听啪一声，刘×握工具的左手直接接地，被电弧严重灼伤，送医院救治截去三只手指。

2．事故原因分析

（1）作业人员刘×在未对带电体和接地体进行遮蔽的情况下，直接用金属工具去拧耐张绝缘子的螺母，并用手去晃动导线，实属严重习惯性违章，是造成此次事故的主要原因，负有直接责任。

（2）斗内另一作业人员相互保护的安全意识差，未实施监护，对刘×的行为不加以制止，应负此次事故的主要责任。

（3）工作负责人作为现场第一安全责任人，掉以轻心、粗心大意，认为小活儿没啥大事，未认真履行职责，没有做好现场监护，应负此次事故的主要责任。

3．防范措施

（1）对班组生产人员进行严格的安全教育和技能培训，经考试合格后，才能重新上岗作业。工作班成员要加强自我保护意识，牢记“四不伤害”，加强自身的业务技术学习和安全意识。

（2）工作负责人作为现场第一安全责任人，应加强工作负责人培训，提高工作负责人的安全意识，技术水平和组织领导能力，选用安全意识高、责任心强的人员作为工作负责人。

（3）对辅助电工应加强安全监督和技能培训，提高自我保护意识，做好监督和辅助工作。

（4）现场作业人员应相互关心，作业前认真学习相关资料，对危险点制订出相应措施。

（5）加大反习惯性违章的力度，加强操作的过程控制，加强危险点分析及控制措施的落实，确保安全生产组织和技术措施的落实，真正做到安全生产的预控、可控、在控。

7.2.2.4 带电更换电杆发生电杆坠落停电事故

1．事故简况

××供电局配电带电班前去更换被过往车辆撞伤的电杆。被撞伤的电杆为12m杆，由于路基被经常修整垫高，致使该电杆埋设较深而没被过往车辆撞倒。到达现场后，带电斗臂车对线路进行遮蔽并脱离电杆，8t吊车就位开始拔出电杆，随着吊车吊臂的伸出，电杆被一点一点地拔出。就在电杆被拔出约有0.5m的时候，8t吊车开始内倾，钢丝绳啪的一声断开，电杆从受伤露钢筋的部位往上，顺线路方向开始下折，并挂断离电杆较近的边相导线落地，该线路随即跳闸停电。因起吊电杆时现场人员较少无人员伤亡。

2．事故原因分析

（1）根据现场调查，由于电杆埋设较深，所选吊杆用的钢丝绳直径过小，难以承受拔出电杆的力量，致使钢丝绳在拔出过程中断裂，造成此次事故。

（2）所选用的吊车吨位不符合现场条件，也是造成此次事故的主要原因。

（3）未对抢修现场进行勘察，对危险性、复杂性和困难程度较大的作业项目，应组织全体作业人员充分讨论，编制组织、技术、安全措施的规定。

（4）工作负责人未严格执行《配电安规》之规定，对有触电危险、施工复杂容易发生事故的工作，应增设专责监护人和明确被监护的人员。专责监护人不得兼做其他工作。

3．防范措施

（1）对班组进行安全生产整顿，经安全教育和技能培训，考试合格后，才能恢复作业。

（2）工作负责人作为现场第一安全责任人，应加强工作负责人培训，提高工作负责人的安全意识技术水平和组织领导能力，选用安全意识高、责任心强、有不停电作业经验的人员作为工作负责人。

（3）严格执行标准化作业指导书和作业程序卡。杜绝在不明确工作内容、工作流程、安全措施以及工作中的危险点的情况下盲目工作。

（4）杜绝现场工作中危险点分析与控制流于形式，工作票签发人、工作负责人、工作班成员走过场。

7.2.3　低压不停电作业案例分析

1．事故简况

2004 年 7 月 21 日，××供电所王×、袁×为一用户改线并装电能表。两人未办理工作票即赶到现场，王×负责拆旧和送电，袁×负责安装电能表，两人分头开始工作。王×（身着短袖上衣和七分裤，脚穿拖鞋）站在铁管焊制的梯子约 1.8m 处拆旧和接线，在用带绝缘手柄的钳子剥开相线（火线）的线皮时，左手不慎碰到带电的导线上，触电后扑在梯子上，经抢救无效死亡。

2．事故原因分析

（1）王×未按要求着装。违反《配电安规》2.1.6“进入作业现场应正确佩戴安全帽，现场作业人员还应穿全棉长袖工作服、绝缘鞋”的规定。

（2）袁×、王×都为单人工作，无人监护，违反《配电安规》8.2.1“带电断、接低压导线应有人监护”的规定。

（3）低压带电工作，无相关安全措施。违反《配电安规》8.1.1“低压电气带电工作应戴手套、护目镜，并保持对地绝缘”的规定。

（4）用户改线并装电能表工作，属无票作业，违反《配电安规》3.3.5“填用低压工作票的工作。低压配电工作，不需要将高压线路、设备停电或做安全措施者”的规定。

3．防范措施

（1）工作班成员要加强自我保护意识，牢记“五不伤害”，加强自身的业务技术学习和安全意识，任何工作都要把安全措施放在第一位。

（2）对班组生产人员进行严格的安全教育和技能培训，经考试合格后，才能重新上岗作业。

（3）为保证作业安全，作业人员应穿着合格的绝缘防护用具，使用前应对其进外观检查，作业过程中禁止摘下绝缘防护用具。

（4）加大反习惯性违章的力度，加强操作的过程控制，加强危险点分析及控制措施的落实，确保安全生产组织和技术措施的落实，真正做到安全生产的预控、可控、在控。

附录 A　配网不停电作业“十项禁令”

好的，
这就先测流！
电缆相当于一个电容器，即使是空载线路也可能会有剩余电荷！带电断开架空线路与空载电缆线路的连接引线之前，应检查电缆所连接的开关设备状态，确认电缆空载。电缆线路开断一定要先测流，大于0.1A要有消弧措施！
严禁空载线路未经检测作业！
在带负荷作业中，绝缘引流线或旁路电缆两端连接完毕且遮蔽完好后，应检测通流情况正常。断、解线前一定要测一下负荷分流情况，旁路电流占整体负载的比例要符合规程规范的分流要求。
严禁负荷分流未经确认作业！
白马庙
人民海军诞生地
绝缘防护用具的检测过期，有可能会发生绝缘失效，作业前一定要检查！另外更换的备件一定要进行检测才能使用。
严禁设备故障绝缘失效作业！
好的。
国家电网
带电作业人员在作业期间，有体力不支、血压上升、视觉和听觉模糊、身体不适或发生例如中暑等会危及安全的情况时，应立即停止作业。严禁身体不适期间作业！

附录 B　作业过程关键点管控“八个必须”

1．设备入网必须检测绝缘

2．无电设备必须开展验电

3．引线拆除必须测量电流

4．搭接分离必须使用绝缘锁杆

5．开关旁路必须退出保护

6．旁路搭接必须核定相序

7．旁路断开必须分流合格

8．断电设备必须充分放电

参 考 文 献

[1] 李天友，林秋金，陈庚煌. 配电不停电作业技术 [M]. 北京：中国电力出版社，2019.

[2] 国家电网公司人力资源部. 配电线路带电作业 [M]. 北京：中国电力出版社，2010.

[3] 国家电网公司人力资源部. 带电作业基础知识 [M]. 北京：中国电力出版社，2010.

[4] EPTC《带电作业工器具手册》编写组. 带电作业工器具手册 [M]. 北京：中国水利水电出版社，2019.

[5] 国网河南省电力公司配电带电作业实训基地. 配电线路带电作业知识读本 [M]. 北京：中国电力出版社，2016.

[6] 史兴华，张劲，张文杰，等. 配电线路带电作业技术与管理 [M]. 北京：中国电力出版社，2010.